高等院校信息技术系列教材

汇编语言上机指导

（微课版）

李建俊　张慧明　许向前　主　编
孙曼曼　崔素丽　副主编

清华大学出版社
北　京

内 容 简 介

本书为《汇编语言案例教程(微课版)》(ISBN:9787302591566)的配套上机指导书,以上机操作为驱动,针对相关知识点,通过上机实验详细介绍程序的调试过程,给出每一步的调试目的,使学生通过调试命令和调试结果深度理解汇编语言基本指令的执行流程,探索计算机内部指令的执行机制,为学生学习汇编语言打下基础。本书主要对汇编语言上机操作进行详细分析,讲解每条指令的应用及上机实现,并给出详细的视频讲解,旨在激发学生的学习兴趣,提高学生的自主学习能力。

本书适合作为高等院校相关专业的课程教材,也可作为自学者的参考读物。

图书在版编目(CIP)数据

汇编语言上机指导:微课版/李建俊,张慧明,许向前主编. —北京:清华大学出版社,2023.4
高等院校信息技术系列教材
ISBN 978-7-302-62722-7

Ⅰ. ①汇…　Ⅱ. ①李… ②张… ③许…　Ⅲ. ①汇编语言-程序设计-高等学校-教材　Ⅳ. ①TP313

中国国家版本馆 CIP 数据核字(2023)第 026821 号

责任编辑:郭　赛
封面设计:常雪影
责任校对:焦丽丽
责任印制:沈　露

出版发行:清华大学出版社
　　　　　网　　　址:http://www.tup.com.cn,http://www.wqbook.com
　　　　　地　　　址:北京清华大学学研大厦 A 座　　　　　邮　　编:100084
　　　　　社 总 机:010-83470000　　　　　　　　　　　邮　　购:010-62786544
　　　　　投稿与读者服务:010-62776969,c-service@tup.tsinghua.edu.cn
　　　　　质量反馈:010-62772015,zhiliang@tup.tsinghua.edu.cn
　　　　　课件下载:http://www.tup.com.cn,010-83470236
印 装 者:北京鑫海金澳胶印有限公司
经　　销:全国新华书店
开　　本:185mm×260mm　　　　印　　张:8.5　　　　字　　数:122 千字
版　　次:2023 年 4 月第 1 版　　　　　　　　　　　印　　次:2023 年 4 月第 1 次印刷
定　　价:38.00 元

产品编号:096215-01

前言

汇编语言是一种基础编程语言,是面向机器的低级语言。采用汇编语言编写的程序运行速度快,占用内存空间小,既有对计算机硬件进行直接编程的便利,又有接近于自然语言的指令,因此对于一些对时效性和执行效率要求高的程序,用汇编语言编写程序解决问题是必要的。学习汇编语言需要一定的硬件基础知识、严密的思维逻辑和良好的编程习惯。

为了使读者深入、正确地理解各种汇编指令,编译器提供了各种调试命令。本书针对所有知识点,共设计 3 个实验。第一个实验有 2 个任务,包括 DEBUG 命令和寻址方式;第二个实验有 15 个任务,主要讲解基本指令;第三个实验有 4 个任务,包括顺序、分支、循环、子程序和宏结构的源程序设计。

每个任务均给出了详细的分析和上机调试过程,以帮助初学者深入理解汇编语言基本指令的执行流程,探索计算机内部指令的执行机制,从而深入理解计算机的编程原理,为计算机专业知识的学习打下坚实的基础。本书内容丰富、实用性强,融入了编者多年的教学经验。为配合汇编语言的基础教学内容,本书以培养学生的应用能力为主线,以理论与实践相结合为目的而编写,希望读者通过学习本书可以较快地掌握汇编语言。

　　本书由河北师范大学附属民族学院李建俊、河北地质大学张慧明、河北中医学院许向前担任主编，河北师范大学附属民族学院孙曼曼、崔素丽担任副主编。在编写过程中，编者参考了大量文献资料，在此向这些文献资料的作者深表感谢。由于时间和水平所限，书中难免有不足和疏漏之处，敬请各位专家、读者不吝批评指正。

编　者

2023 年 2 月

目录

实验一

8086CPU 内部寄存器和寻址方式

8086CPU 内部供编程使用的 16 位寄存器共 14 个。按用途分为 3 类,分别为通用寄存器(AX、BX、CX、DX、SP、BP、SI 和 DI)、段寄存器(CS、DS、SS 和 ES)和控制寄存器(FLAGS 和 IP)。对于一个汇编程序员来说,对 CPU 的控制可以通过改变寄存器中数据实现,所以熟悉 8086CPU 内部寄存器至关重要。

计算机是通过执行指令序列解决问题的,而指令序列由多条指令构成。汇编语言的指令格式如下:

指令助记符 [操作数 1],[操作数 2],[操作数 3][;注释]

指令执行过程中,操作数是指令的主要处理对象。如何表示操作数或操作数所在位置是关键。指令中的操作数可以直接给出,也可以存放到寄存器或存储器中。寻找操作数或操作数位置的方法称为寻址方式。

任务 1 常用 DEBUG 命令

大部分汇编语言源程序在调试阶段需要用调试程序进行调试。DEBUG 是专门为分析和调试汇编语言程序而设计的调试工具,它具有汇编、反汇编、显示和修改寄存器或内存等功能,它通过单步执行、设置断点等方式为汇编语言程序设计者提供了非常有效的调试手段(DEBUG 常用命令见主教材 3.4 节)。

➢ 任务目标

1. 在自己的计算机上安装汇编语言的运行环境。

2. 牢记 DEBUG 常用的各种命令及用法。

3. 通过使用 DEBUG 命令学会 CPU 内部各种寄存器和存储单元的使用方法，树立"实践是检验真理的唯一标准"的思想。

4. 养成良好的学习习惯，举一反三，触类旁通，树立"细节决定成败"的思想。

➢ 任务实施

通过以下任务熟练使用 DEBUG 环境中的常用命令。

【**任务 1.1**】　通过 R 命令了解 CPU 内部 16 位和 8 位寄存器。

第一步：启动 DOSBOX 环境，使用挂载命令 MOUNT。

实验一 1.1

```
Z:\>MOUNT C: E:\MASM
Drive C is mounted as local directory E:\MASM\

Z:\>
```

第二步：切换盘符。

```
Z:\>C:

C:\>_
```

第三步：启动 DEBUG.EXE 环境。出现提示符"-"说明 DEBUG.EXE 环境启动成功。

```
C:\>DEBUG.EXE
-
```

第四步：用 R 命令观察 CPU 内部 16 位寄存器，以 CX 为例。

```
                  寄存器名为CX    寄存器中的值为0000，该值为十六进制，共16位
-R
AX=0000  BX=0000  CX=0000  DX=0000  SP=00FD  BP=0000  SI=0000  DI=0000
DS=073F  ES=073F  SS=073F  CS=073F  IP=0100   NV UP EI PL NZ NA PO NC
073F:0100 C70600033012  MOV      WORD PTR [0300],1230               DS:0300=1230
```

第五步：用 R 命令观察 CPU 内部 8 位寄存器，以 DX 为例；只有 AX、BX、CX 和 DX 可作为 8 位寄存器使用，其他只能作为 16 位寄存器使用。

```
                        DH   DL 自己分析16位寄存器，可获取8位寄存器信息
-R
AX=0000  BX=0000  CX=0000  DX=5678  SP=00FD  BP=0000  SI=0000  DI=0000
DS=073F  ES=073F  SS=073F  CS=073F  IP=0100   NV UP EI PL NZ NA PO NC
073F:0100 C70600033012 MOV    WORD PTR [0300],1230           DS:0300=1230
```

用 R 命令修改 8 位寄存器时不能直接使用 8 位寄存器名。

```
-R DL
br Error
-R DH
br Error
-R CH
br Error
```

【任务 1.2】 通过 R 命令将 AX、SI 和 CX 中的内容修改为 1201H、4521H 和 9003H。

第一步：用 R 命令观察 AX、SI 和 CX 中内容为 AX＝0000H、SI＝0000H 和 CX＝0000H（这样指令执行前后寄存器中的内容可以对比）。

实验一 1.2

```
-R
AX=0000  BX=0000  CX=0000  DX=0000  SP=00FD  BP=0000  SI=0000  DI=0000
DS=073F  ES=073F  SS=073F  CS=073F  IP=0100   NV UP EI PL NZ NA PO NC
073F:0100 C70600033012 MOV    WORD PTR [0300],1230           DS:0300=1230
```

第二步：用 R 命令修改 AX 中的内容为 1201H，然后用 R 命令查看 AX 中的内容。

```
-R AX
AX 0000   AX中原来内容
:1201
        冒号后输入AX中修改的内容，AX中内容需修改为1201H，所以输入1201H
-
AX=1201  BX=0000  CX=0000  DX=0000  SP=00FD  BP=0000  SI=0000  DI=0000
DS=073F  ES=073F  SS=073F  CS=073F  IP=0100   NV UP EI PL NZ NA PO NC
073F:0100 C70600033012 MOV    WORD PTR [0300],1230           DS:0300=1230
```

第三步：用 R 命令修改 SI 和 CX 中的内容分别为 SI＝4521H 和 CX＝9003H，然后用 R 命令查看 SI 和 CX 中的内容。

```
-R SI
SI 0000
:4521

-R CX
CX 0000
:9003

-R
AX=1201  BX=0000  CX=9003  DX=0000  SP=00FD  BP=0000  SI=4521  DI=0000
DS=073F  ES=073F  SS=073F  CS=073F  IP=0100   NV UP EI PL NZ NA PO NC
073F:0100 C70600033012 MOV    WORD PTR [0300],1230           DS:0300=1230
```

实验一 1.3

【任务 1.3】　通过 R 命令将 AH 和 BL 中的内容修改为 89H 和 67H。

第一步：用 R 命令观察 AH 和 BL 中的内容为 AH＝00H 和 BL＝00H（这样指令执行前后寄存器中的内容可以对比）。

第二步：用 R 命令修改 AH 和 BL 中的内容，保证 AH＝89H 和 BL＝67H，输入时必须输入 8900H 和 0067H。

AH	AL		BH	BL
89	00		00	67

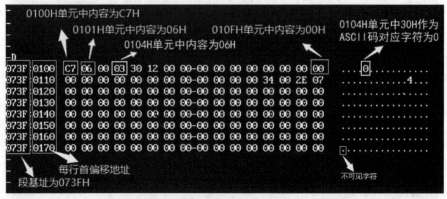

【任务 1.4】　通过 D 命令观察内存单元中的内容。

第一步：用 D 命令观察内存单元中的内容。

实验一 1.4

【任务 1.5】　通过 E 命令修改内存单元中的内容。

第一步：用 D 命令观察内存单元中的内容，0002H 至 0005H 单元中的内容依次为 3EH、A7H、00H 和 EAH。

第二步：用 E 命令修改 0002H 至 0005H 内存单元中内容，依次修改为

实验一 1.5

```
-D 0000 000F
073F:0000  CD 20 3E A7 00 EA FD FF-AD DE 4F 03 A3 01 8A 03    . >......O.....
```

44H、66H、77H 和 88H。

```
-E 0002
073F:0002  3E.44  A7.66  00.77  EA.88
```

第三步：用 D 命令观察 0002H 至 0005H 内存单元中内容。

```
-D 0000 000F
073F:0000  CD 20 44 66 77 88 FD FF-AD DE 4F 03 A3 01 8A 03    . Dfw.....O.....
```

【任务 1.6】 通过 E 命令修改 1200H 字单元中的内容为 4567H。

第一步：用 D 命令观察 1200H 字单元中的内容为 0000H。

实验一 1.6

```
-D 1200 120F
073F:1200  00 00 00 00 00 00 00 00-00 00 00 00 00 00 00 00    ................
```

第二步：用 E 命令修改 1200H 和 1201H 内存单元中的内容为 67H 和 45H。

	1200H	1201H
	67	45

第三步：用 D 命令观察 1200H 字单元中的内容为 4567H。

```
-E 1200          →1200H单元中内容修改为67H
073F:1200  00.67  00.45

        1200H单元原来内容为00H
```

```
-D 1200 120F
073F:1200  67 45 00 00 00 00 00 00-00 00 00 00 00 00 00 00    gE..............
```

【任务 1.7】 观察并修改标志寄存器的内容。

第一步：用 R 命令观察标志寄存器。

实验一 1.7

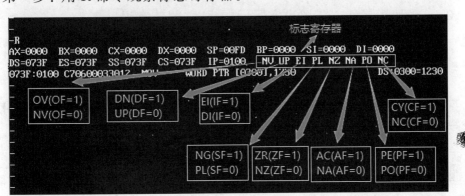

第二步：用 RF 命令修改 CF＝1。

```
-RF
NV UP EI PL NZ NA PO NC  -CY →输入修改的值为CY
-R
AX=0000  BX=0000  CX=0000  DX=0000  SP=00FD  BP=0000  SI=0000  DI=0000
DS=073F  ES=073F  SS=073F  CS=073F  IP=0100    NV UP EI PL NZ NA PO CY
073F:0100 C70600033012  MOV      WORD PTR [0300],1230         DS:0300=1230
```

➤ **知识拓展**

1. 将 0100H、0101H 和 0102H 字节单元中的内容修改为 78H、90H 和 12H。

2. 将 AX、DI 和 SS 中的内容修改为 9101H、7811H 和 1200H。

3. 将 AL、DH、CL 和 DH 中的内容修改为 91H、01H、78H 和 11H。

4. 将 0200H 字单元中的内容修改为 8923H。

任务 2　寻址方式

寻址方式分为三大类，分别为立即寻址方式、寄存器寻址方式和存储器寻址方式。

➤ **任务目标**

1. 正确理解寻址方式的含义。

2. 牢记各种寻址方式的用法。

3. 正确使用寻址方式解决实际问题，树立规范意识。

➤ **任务实施**

通过各种寻址方式可以找到寄存器或存储器中存放的数据，通过 MOV 指令分析三种寻址方式。

📖 **字节操作**

【任务 2.1】　编写指令，将 36H 传送至 AL。

实验一 2.1

指令序列：

MOV AL,36H ;源操作数为立即寻址,目的操作器为寄存器寻址,将 36H 传送至 AL

上机执行过程如下。

第一步：启动 DOSBOX 环境,使用挂载命令 MOUNT。

```
Z:\>MOUNT C: E:\MASM
Drive C is mounted as local directory E:\MASM

Z:\>
```

第二步：切换盘符。

```
Z:\>C:

C:\>_
```

第三步：启动 DEBUG.EXE 环境。出现提示符"-"说明 DEBUG.EXE 环境启动成功。

```
C:\>DEBUG.EXE
-
```

第四步：用 A 命令汇编指令。

```
-A
073F:0100 MOV AL,36
073F:0102
```

第五步：指令执行前,用 R 命令观察 AL 寄存器中的内容为 AL=00H(这样指令执行前后寄存器中的内容可以对比)。

注意：大家用自己的计算机在 DEBUG 环境中调试指令时,计算机中每个寄存器中的内容不一定和下面寄存器中的内容一致。随着指令的执行,各个寄存器中的内容可能发生变化,只需要观察指令中所用寄存器的内容前后变化即可。下面的任务情况和此任务类似。

```
-R
AX=0000  BX=0000  CX=0000  DX=0000  SP=00FD  BP=0000  SI=0000  DI=0000
DS=073F  ES=073F  SS=073F  CS=073F  IP=0100   NV UP EI PL NZ NA PO NC
073F:0100 B036        MOV    AL,36
```

第六步：用 T 命令执行该指令后,AL=36H。

```
-T
AX=0036  BX=0000  CX=0000  DX=0000  SP=00FD  BP=0000  SI=0000  DI=0000
DS=073F  ES=073F  SS=073F  CS=073F  IP=0102   NV UP EI PL NZ NA PO NC
073F:0102 0000        ADD    [BX+SI],AL                  DS:0000=CD
```

实验一 2.2

【任务 2.2】 设 DL＝36H,编写指令,将 DL 中的内容传送至 CH。

指令序列:

MOV CH,DL ;源操作数和目的操作器均为寄存器寻址,将 DL 传送至 CH

上机执行过程如下。

第一步:用 R 命令观察 DL 和 CH 寄存器中的内容分别为 DL＝00H、CH＝00H(这样指令执行前后寄存器中的内容可以对比)。

```
-R
AX=0036  BX=0000  CX=0000  DX=0000  SP=00FD  BP=0000  SI=0000  DI=0000
DS=073F  ES=073F  SS=073F  CS=073F  IP=0102    NV UP EI PL NZ NA PO NC
073F:0102 0000          ADD     [BX+SI],AL                    DS:0000=CD
```

第二步:用 R 命令修改 DX 中的内容,保证 DL 中的内容为 68H,然后用 R 命令查看 DL 中的内容。

```
-R DX  用R命令只能显示修改16位寄存器，想看8位寄存器，只能自己分析判断
DX 0000  DX中原来内容为0000H
:0036    DX中内容修改为0036H，保证DL中内容为36H
-R
AX=0036  BX=0000  CX=0000  DX=0036  SP=00FD  BP=0000  SI=0000  DI=0000
DS=073F  ES=073F  SS=073F  CS=073F  IP=0102    NV UP EI PL NZ NA PO NC
073F:0102 0000          ADD     [BX+SI],AL                    DS:0000=CD
```

第三步:用 A 命令汇编指令。

```
-A
073F:0102 MOV CH,DL
073F:0104
```

第四步:用 T 命令执行该指令后,CH＝36H。

```
-T=0102
AX=0036  BX=0000  CX=3600  DX=0036  SP=00FD  BP=0000  SI=0000  DI=0000
DS=073F  ES=073F  SS=073F  CS=073F  IP=0104    NV UP EI PL NZ NA PE NC
073F:0104 0000          ADD     [BX+SI],AL                    DS:0000=39
```

实验一 2.3

【任务 2.3】 设 AH＝90H,编写指令,将 AH 中的内容传送至 0002H 指向的字节单元。

指令序列:

MOV [0002H],AH ;源操作数为寄存器寻址,目的操作器为直接寻址,将 AH 中的内容传送至 0002H 指向的字节单元

上机执行过程如下。

第一步：指令执行前,用 R 命令观察 AH 寄存器中的内容为 AH＝00H
(这样指令执行前后寄存器中的内容可以对比)。

```
-R
AX=0036  BX=0000  CX=3600  DX=0036  SP=00FD  BP=0000  SI=0000  DI=0000
DS=073F  ES=073F  SS=073F  CS=073F  IP=0104  NV UP EI PL NZ NA PE NC
073F:0104 0000          ADD    [BX+SI],AL                   DS:0000=39
```

用 D 命令查看数据段 0002H 指向的字节单元中的内容为 3EH(这样指令
执行前后 0002H 指向的字节单元中的内容可以对比)。

```
-D DS:0000 000F
073F:0000 39 20 3E A7 00 EA FD FF-AD DE 4F 03 A3 01 8A 03   9 >......O.....
```

第二步：用 R 命令修改 AX 中内容,保证 AH 中的内容为 90H,然后用 R
命令查看 AH 中的内容。

```
-R AX
AX 0036
:9000
-R
AX=9000  BX=0000  CX=3600  DX=0036  SP=00FD  BP=0000  SI=0000  DI=0000
DS=073F  ES=073F  SS=073F  CS=073F  IP=0104  NV UP EI PL NZ NA PE NC
073F:0104 0000          ADD    [BX+SI],AL                   DS:0000=39
```

第三步：用 A 命令汇编指令。

```
-A
073F:0104 MOV [0002],AH
073F:0108
```

第四步：用 T 命令执行该指令后,用 D 命令查看 0002H 指向的字节单元
中的内容。

```
-T=0104

AX=9000  BX=0000  CX=3600  DX=0036  SP=00FD  BP=0000  SI=0000  DI=0000
DS=073F  ES=073F  SS=073F  CS=073F  IP=0108  NV UP EI PL NZ NA PE NC
073F:0108 0000          ADD    [BX+SI],AL                   DS:0000=39
-D DS:0000 000F
073F:0000 39 20 90 A7 00 EA FD FF-AD DE 4F 03 A3 01 8A 03   9 ........O.....
```

【任务 2.4】 设 BX＝0090H,BX 指向的字节单元的内容为 78H,编写指
令,将 BX 指向的字节单元中的内容传送至 DL。

实验一 2.4

指令序列：

```
MOV DL,[BX]  ;源操作数为寄存器间接寻址,目的操作器为寄存器寻址,将 BX 指
             向的字节单元中的内容传送至 DL
```

上机执行过程如下。

第一步：指令执行前,用 R 命令观察 BX 和 DL 寄存器中的内容为 BX＝

0000H、DL＝36H（这样指令执行前后寄存器中的内容可以对比）。

```
-R
AX=9000  BX=0000  CX=3600  DX=0036  SP=00FD  BP=0000  SI=0000  DI=0000
DS=073F  ES=073F  SS=073F  CS=073F  IP=0108     NV UP EI PL NZ NA PE NC
073F:0108 0000          ADD     [BX+SI],AL                       DS:0000=39
```

用 D 命令查看数据段 0090H 指向的字节单元中的内容为 00H（这样指令执行前后 0090H 指向的字节单元中的内容可以对比）。

```
-D DS:0090 009F
073F:0090  00 00 00 00 00 00 00 00-00 00 00 00 00 00 00 00    ................
```

第二步：用 R 命令修改 BX 中的内容为 0090H。

```
-R BX
BX 0000
:0090
-R
AX=9000  BX=0090  CX=3600  DX=0036  SP=00FD  BP=0000  SI=0000  DI=0000
DS=073F  ES=073F  SS=073F  CS=073F  IP=0108     NV UP EI PL NZ NA PE NC
073F:0108 0000          ADD     [BX+SI],AL                       DS:0090=00
```

第三步：用 E 命令修改 0090H 字节单元中的内容为 78H，然后用 D 命令查看 0009H 字节单元中的内容。

```
-E DS:0090
073F:0090  00.78   0090H字节单元中内容修改为78

-           0090H字节单元中原来内容为00H
```

```
-D DS:0090 009F
073F:0090  78 00 00 00 00 00 00 00-00 00 00 00 00 00 00 00    x...............
```

第四步：用 A 命令汇编指令。

```
-A
073F:0108 MOV DL,[BX]
073F:010A
```

第五步：用 T 命令执行该指令后，DL＝78H。

```
-T=0108
AX=9000  BX=0090  CX=3600  DX=0078  SP=00FD  BP=0000  SI=0000  DI=0000
DS=073F  ES=073F  SS=073F  CS=073F  IP=010A     NV UP EI PL NZ NA PE NC
073F:010A 0000          ADD     [BX+SI],AL                       DS:0090=78
```

实验一 2.5

📖 字操作

【任务 2.5】 设 BX＝7810H，编写指令，将 BX 中的内容传送至 DX。

指令序列：

```
MOV DX,BX   ;源操作数和目的操作器均为寄存器寻址,将 BX 中的内容传送至 DL
```

上机执行过程如下。

第一步：用 R 命令观察 BX 和 DX 寄存器中的内容为 BX＝0000H、DX＝0000H(这样指令执行前后寄存器中的内容可以对比)。

```
-R
AX=0000  BX=0000  CX=0000  DX=0000  SP=00FD  BP=0000  SI=0000  DI=0000
DS=073F  ES=073F  SS=073F  CS=073F  IP=0100   NV UP EI PL NZ NA PO NC
073F:0100 B036        MOV     AL,36
```

第二步：用 R 命令修改 BX 中的内容为 7810H,然后用 R 命令查看 BX 中的内容。

```
-R BX
BX 0000
:7801
```

```
-R
AX=0000  BX=7810  CX=0000  DX=0000  SP=00FD  BP=0000  SI=0000  DI=0000
DS=073F  ES=073F  SS=073F  CS=073F  IP=0100   NV UP EI PL NZ NA PO NC
073F:0100 B036        MOV     AL,36
```

第三步：用 A 命令汇编指令。

```
-A
073F:0100 MOV DX,BX
073F:0102
```

第四步：用 T 命令执行该指令后,DX＝7810H。

```
-T=0100

AX=0000  BX=7810  CX=0000  DX=7810  SP=00FD  BP=0000  SI=0000  DI=0000
DS=073F  ES=073F  SS=073F  CS=073F  IP=0102   NV UP EI PL NZ NA PO NC
073F:0102 88D5        MOV     CH,DL
```

【任务 2.6】 设 BX＝0003H,SI＝0020H,BX 加 SI 加 02H 指向的字单元中的内容为 5621H,编写指令,将 BX 加 SI 加 02H 指向的字单元中的内容传送至 AX。

分析：BX＋SI＋02H＝0025H,0025H 指向的字单元的中内容为 5612H,内存示意如图 1.1 所示。

指令序列：

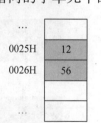

实验一 2.6

图 1.1 内存示意

```
MOV AX,[BX+SI+02H]   ;源操作数为相对基址加变址寻址,目的操作数为寄存器
                      ;寻址,将 BX+SI+02H 指向的字单元中的内容传送至 AX
```

上机执行过程如下。

第一步：用 R 命令观察 AX、BX 和 SI 寄存器中的内容为 AX＝0000H、BX＝7810H 和 SI＝0000H（这样指令执行前后寄存器中的内容可以对比）。

```
-R
AX=0000  BX=7810  CX=0000  DX=7810  SP=00FD  BP=0000  SI=0000  DI=0000
DS=073F  ES=073F  SS=073F  CS=073F  IP=0102    NV UP EI PL NZ NA PO NC
073F:0102 88D5          MOV     CH,DL
```

用 D 命令查看数据段 0025H 指向的字单元中的内容为 FFFFH（这样指令执行前后 0025H 指向的字单元中的内容可以对比）。

```
-D DS:0020 002F
073F:0020  FF FF FF FF FF FF FF-FF FF FF FF 00 00 00 00    ................
```

第二步：用 R 命令修改 BX 和 SI 中的内容为 0003H 和 0020H，然后用 R 命令查看 BX 和 SI 中的内容。

```
-R BX
BX 7810
:0003
-R SI
SI 0000
:0020
-R
AX=0000  BX=0003  CX=0000  DX=7810  SP=00FD  BP=0000  SI=0020  DI=0000
DS=073F  ES=073F  SS=073F  CS=073F  IP=0102    NV UP EI PL NZ NA PO NC
073F:0102 88D5          MOV     CH,DL
```

第三步：用 E 命令修改 0025H 指向的字单元中的内容为 5612H，然后用 D 命令查看 0025H 指向的字单元中的内容。

```
-E DS:0025
073F:0025 FF.12   FF.56
-D DS:0020 002F
073F:0020  FF FF FF FF FF 12 56 FF-FF FF FF FF 00 00 00 00    ......V.........
```

第四步：用 A 命令汇编指令。

```
-A
073F:0102 MOV AX,[BX+SI+02]
073F:0105
```

第四步：用 T 命令执行该指令后，AX＝5612H。

```
-T=0102
AX=5612  BX=0003  CX=0000  DX=7810  SP=00FD  BP=0000  SI=0020  DI=0000
DS=073F  ES=073F  SS=073F  CS=073F  IP=0105    NV UP EI PL NZ NA PO NC
073F:0105 26            ES:
073F:0106 0200          ADD     AL,[BX+SI]                     ES:0023=FF
```

【任务 2.7】　设 DI＝0010H，AX＝7623H，编写指令，将 AX 中的内容传送至 DI 加 02H 指向的字单元。

实验一 2.7

指令序列：

```
MOV [DI+02H],AX   ;源操作数为寄存器寻址,目的操作数为寄存器相对寻址,将
                  ;AX 中的内容传送至 DI 加 02H 指向的字单元
```

上机执行过程如下。

第一步:用 R 命令观察 AX 和 DI 寄存器中的内容为 AX＝0000H 和 DI＝0000H(这样指令执行前后寄存器中的内容可以对比)。

```
-R
AX=0000  BX=0003  CX=0000  DX=7810  SP=00FD  BP=0000  SI=0020  DI=0000
DS=073F  ES=073F  SS=073F  CS=073F  IP=0105   NV UP EI PL NZ NA PO NC
073F:0105 26            ES:
073F:0106 0200          ADD      AL,[BX+SI]                 ES:0023=FF
```

用 D 命令查看数据段 0012H 指向的字单元中的内容为 0317H(这样指令执行前后 0012H 指向的字单元中的内容可以对比)。

```
-D DS:0010 001F
073F:0010  A3 01 17 03 A3 01 92 01-01 01 01 00 02 FF FF FF   ................
```

第二步:用 R 命令修改 AX 和 DI 中的内容为 7623H 和 0010H,然后用 R 命令查看 AX 和 DI 中的内容。

```
-R AX
AX 0000
:7623
-R DI
DI 0000
:0010
-R
AX=7623  BX=0003  CX=0000  DX=7810  SP=00FD  BP=0000  SI=0020  DI=0010
DS=073F  ES=073F  SS=073F  CS=073F  IP=0105   NV UP EI PL NZ NA PO NC
073F:0105 894502        MOV      [DI+02],AX                 DS:0012=0317
```

第三步:用 A 命令汇编指令。

```
-A
073F:0108 MOV [DI+02],AX
073F:010B
```

第四步:用 T 命令执行该指令后,用 D 命令查看 0012H 指向的字单元中的内容为 7623H。

```
-T=0108
AX=7623  BX=0003  CX=0000  DX=7810  SP=00FD  BP=0000  SI=0020  DI=0010
DS=073F  ES=073F  SS=073F  CS=073F  IP=010B   NV UP EI PL NZ NA PO NC
073F:010B 0000          ADD      [BX+SI],AL                 DS:0023=FF
-D DS:0010 001F
073F:0010  A3 01 23 76 A3 01 92 01-01 01 01 00 02 FF FF FF   ..#v............
```

【任务 2.8】 编写指令,将立即数 1230H 传送至 0300H 指向的字单元。

指令序列:

实验一 2.8

```
MOV WORD PTR [0300H],1230H    ;源操作数为立即寻址,目的操作数为直接寻址,
                              ;将 1230H 传送至 0300H 指向的字单元
```

上机执行过程如下。

第一步：用 D 命令查看数据段 0300H 指向的字单元中的内容为 0000H（这样指令执行前后 0300H 指向的字单元中的内容可以对比）。

```
-D DS:0300 030F
073F:0300  00 00 00 00 00 00 00 00-00 00 00 00 00 00 00 00   ................
-
```

第二步：用 A 命令汇编指令。

```
-A
073F:0100 MOV WORD PTR [0300],1230
073F:0106
-
```

第三步：用 T 命令执行该指令后,用 D 命令查看 0300H 指向的字单元中的内容为 1230H。

```
-T=0100

AX=0000  BX=0000  CX=0000  DX=0000  SP=00FD  BP=0000  SI=0000  DI=0000
DS=073F  ES=073F  SS=073F  CS=073F  IP=0106    NV UP EI PL NZ NA PO NC
073F:0106 0000          ADD    [BX+SI],AL                    DS:0000=CD
-D DS:0300 030F
073F:0300  30 12 00 00 00 00 00 00-00 00 00 00 00 00 00 00   0...............
```

➢ **知识拓展**

1. 设 DI＝0010H,BX＝0090H,DI 加 BX 加 20H 指向的字节单元中的内容为 34H,将 DI 加 BX 加 20H 指向的字节单元中的内容传送至 AL。

2. 设 SI＝0023H,SI 加 20H 指向的字节单元中的内容为 55H,将 SI 加 20H 指向的字节单元中的内容传送至 BL。

3. 将立即数 1203H 传送至 DX。

4. 设 SI＝8900H,将 SI 中的内容传送至 BX。

5. 设 CX＝0890H,将 CX 中的内容传送至 1200H 指向的字单元。

6. 设 BX＝0010H,SI＝0020H,将 BX 加 SI 指向的字节单元中的内容传送至 AX。

实验二

基 本 指 令

8086CPU 指令系统约有 100 条指令，按功能可分为数据传送类指令、算术类指令、逻辑和移位类指令、串操作类指令、控制转移类指令和处理器控制类指令等。通过这些指令可以编写程序，下面让我们一起来体验指令的奥妙！

任务 1 MOV 指令

➢ 任务目标

1. 牢记 MOV 指令的格式。

2. 正确使用 MOV 指令实现字节数据或字数据的传送，从而解决实际问题。

3. 树立活学活用、学以致用的理念。

➢ 任务实施

MOV 指令的作用是把一个字节数据或字数据从源位置传送至目标位置，源操作数的内容不变，可实现将立即数传送至通用寄存器或内存单元；通用寄存器之间的传送；内存单元与段寄存器之间的传送；通用寄存器与段寄存器之间的传送。

实验二 1.1

📖 **字节操作**

【任务 1.1】 编写指令,将 23H、78H 和−1 对应传送至 BL、CH 和 DL。

指令序列:

```
MOV BL,23H              ;将 23H 传送至 BL
MOV CH,78H              ;将 78H 传送至 CH
MOV DL,-1               ;将−1 传送至 DL
```

上机执行过程如下。

第一步:启动 DOSBOX 环境,使用挂载命令 MOUNT。

```
Z:\>MOUNT C:.E:\MASM
Drive C is mounted as local directory E:\MASM\

Z:\>
```

第二步:切换盘符。

```
Z:\>C:
C:\>_
```

第三步:启动 DEBUG.EXE 环境。出现提示符"-"说明 DEBUG.EXE 环境启动成功。

```
C:\>DEBUG.EXE
-_
```

第四步:用 A 命令汇编指令。

```
-A
073F:0106 MOV BL,23
073F:0108 MOV CH,78
073F:010A MOV DL,-1
073F:010C
```

第五步:指令执行前,用 R 命令观察 BL、CH 和 DL 寄存器中的内容分别为 BL=00H、CH=00H、DL=00H(这样指令执行前后寄存器中的内容可以对比)。

```
-R              BL    CH      DL
AX=0000 BX=0000 CX=0000 DX=0000 SP=00FD BP=0000 SI=0000 DI=0000
DS=073F ES=073F SS=073F CS=073F IP=0100   NV UP EI PL NZ NA PO NC
073F:0100 B323         MOV   BL,23
```

第六步:用 T 命令执行第 1 条指令后,BL=23H。

```
-T=0100
AX=0000  BX=0023  CX=0000  DX=0000  SP=00FD  BP=0000  SI=0000  DI=0000
DS=073F  ES=073F  SS=073F  CS=073F  IP=0102     NV UP EI PL NZ NA PO NC
073F:0102 B678        MOV     DH,78
```

用 T 命令指令第 2 条指令后,CH=78H。

```
-T
AX=0000  BX=0023  CX=7800  DX=0000  SP=00FD  BP=0000  SI=0000  DI=0000
DS=073F  ES=073F  SS=073F  CS=073F  IP=010A     NV UP EI PL NZ NA PO NC
073F:010A B2FF        MOV     DL,FF
```

用 T 命令执行第 3 条指令后,DL=FFH。负数在计算机中以补码形式存
放,−1 的补码为 FFH。

```
-T
AX=0000  BX=0023  CX=7800  DX=00FF  SP=00FD  BP=0000  SI=0000  DI=0000
DS=073F  ES=073F  SS=073F  CS=073F  IP=010C     NV UP EI PL NZ NA PO NC
073F:010C 0000        ADD     [BX+SI],AL                    DS:0023=FF
```

【任务 1.2】 编写指令,将 67H 传送至 0002H 指向的字节单元。

指令序列:

```
MOV BYTE PTR [0002H],67   ;将 67H 传送至 0002H 指向的字节单元
```

上机执行过程如下。

第一步:用 A 命令汇编指令。

```
-A
073F:0100 MOV BYTE PTR [0002],67
073F:0105
```

第二步:该指令目的操作数为直接寻址,偏移地址为 0002H,默认数据段
为 DS。指令执行前,用 D 命令查看数据段 0002H 指向的字节单元中的内容
为 3EH(这样指令执行前后 0002H 指向的字节单元中的内容可以对比)。

```
-D DS:0000 000F
073F:0000 CD 20 3E A7 00 EA FD FF-AD DE 4F 03 A3 01 8A 03   . >.......O.....
        ←0002H内存单元中数据为3E
```

第三步:指令执行后,用 D 命令查看数据段 0002H 单元中的内容为 67H,
通过 MOV 指令将立即数 67H 传送至 0002H 指向的字节单元。

```
-T=0100
AX=0000  BX=0000  CX=0000  DX=0000  SP=00FD  BP=0000  SI=0000  DI=0000
DS=073F  ES=073F  SS=073F  CS=073F  IP=0105     NV UP EI PL NZ NA PO NC
073F:0105 C60709        MOV     BYTE PTR [BX],09             DS:0000=CD
-D DS:0000 000F
073F:0000 CD 20 67 A7 00 EA FD FF-AD DE 4F 03 A3 01 8A 03   . g.......O.....
```

实验二 1.3

【任务1.3】 设 BX＝0034H，编写指令，将 9H 传送至 BX 指向的字节单元。

指令序列：

```
MOV BX,0034H                ;将 0034H 传送至 BX
MOV BYTE PTR[BX],9H         ;将 9H 传送至 BX 指向的字节单元
```

上机执行过程如下。

第一步：用 A 命令汇编指令。

```
-A
073F:0100 MOV BX,0034
073F:0103 MOV BYTE PTR [BX],9
073F:0106
-
```

第二步：指令执行前，用 D 命令查看数据段 0034H 指向的字节单元中的内容为 18H（这样指令执行前后 0034H 指向的字节单元中的内容可以对比）。

```
-D DS:0030 003F
073F:0030  00 00 14 00 18 00 3F 07-FF FF FF FF 00 00 00 00    ......?.........
-
              0034H内存单元中数据为18
```

第三步：用 T 命令执行两条指令后，BX＝0034H，0034H 指向的字节单元中的内容发生变化。

```
-T

AX=0000  BX=0034  CX=0000  DX=0000  SP=00FD  BP=0000  SI=0000  DI=0000
DS=073F  ES=073F  SS=073F  CS=073F  IP=0103   NV UP EI PL NZ NA PO NC
073F:0103 C60709        MOV     BYTE PTR [BX],09                 DS:0034=18
-T

AX=0000  BX=0034  CX=0000  DX=0000  SP=00FD  BP=0000  SI=0000  DI=0000
DS=073F  ES=073F  SS=073F  CS=073F  IP=0106   NV UP EI PL NZ NA PO NC
073F:0106 B323          MOV     BL,23
```

第四步：指令执行后，用 D 命令查看数据段 0034H 指向的字节单元中的内容为 09H。

```
-D DS:0030 003F
073F:0030  00 00 14 00 09 00 3F 07-FF FF FF FF 00 00 00 00    ......?.........
```

实验二 1.4

【任务1.4】 设 BL＝89H，编写指令，将 BL 中的内容传送至 DH 和 CL。

指令序列：

```
MOV BL,89H          ;将 89H 传送至 BL
```

```
MOV DH,BL              ;将 BL 中的内容传送至 DH
MOV CL,BL              ;将 BL 中的内容传送至 CL
```

上机执行过程如下。

第一步：用 A 命令汇编指令。

```
-A
073F:0100 MOV BL,89
073F:0102 MOV DH,BL
073F:0104 MOV CL,BL
073F:0106
```

第二步：指令执行前，用 R 命令观察 BL、DH 和 CL 寄存器中的内容分别为 BL＝00H、DH＝00H、CL＝00H（这样指令执行前后 3 个寄存器中的内容可以对比）。

```
                BL    CL    DH
-R
AX=0000  BX=0000  CX=0000  DX=0000  SP=00FD  BP=0000  SI=0000  DI=0000
DS=073F  ES=073F  SS=073F  CS=073F  IP=0100     NV UP EI PL NZ NA PO NC
073F:0100 B389          MOV    BL,89
```

第三步：用 T 命令执行 3 条指令后，3 个寄存器中的内容分别为 BL＝89H、DH＝89H、CL＝89H。

```
-T=0100

AX=0000  BX=0089  CX=0000  DX=0000  SP=00FD  BP=0000  SI=0000  DI=0000
DS=073F  ES=073F  SS=073F  CS=073F  IP=0102     NV UP EI PL NZ NA PO NC
073F:0102 88DE          MOV    DH,BL
-T

AX=0000  BX=0089  CX=0000  DX=8900  SP=00FD  BP=0000  SI=0000  DI=0000
DS=073F  ES=073F  SS=073F  CS=073F  IP=0104     NV UP EI PL NZ NA PO NC
073F:0104 88D9          MOV    CL,BL
-T

AX=0000  BX=0089  CX=0089  DX=8900  SP=00FD  BP=0000  SI=0000  DI=0000
DS=073F  ES=073F  SS=073F  CS=073F  IP=0106     NV UP EI PL NZ NA PO NC
073F:0106 0000          ADD    [BX+SI],AL                    DS:0089=00
```

📖 **字操作**

【任务 1.5】 编写指令，将 23H、1278H 和 −3 对应传送至 AX、SI 和 BP。

实验二 15

指令序列：

```
MOV AX,23H             ;将 23H 传送至 AX
MOV SI,1278H           ;将 1278H 传送至 SI
MOV BP,-3             ;将 −3 传送至 BP
```

上机执行过程如下。

第一步：用 A 命令汇编指令，A 后面可以指定偏移地址。

```
-A 0200
073F:0200 MOV AX,23
073F:0203 MOV SI,1278
073F:0206 MOV BP,-3
073F:0209
```

第二步：指令执行前，用 R 命令观察 AX、SI 和 BP 寄存器中的内容分别为 AX=9012H、SI=0000H、BP=0000H（这样指令执行前后 3 个寄存器中的内容可以对比）。

```
-R
AX=9012  BX=0089  CX=0089  DX=8900  SP=00FD  BP=0000  SI=0000  DI=0000
DS=073F  ES=073F  SS=073F  CS=073F  IP=0106     NV UP EI PL NZ NA PO NC
073F:0106 0000          ADD       [BX+SI],AL                    DS:0089=00
```

第三步：用 T 命令执行 3 条指令后，3 个寄存器中的内容分别为 AX=0023H、SI=1278H、BP=FFFDH。−3 的 16 位补码为 FFFDH。

```
-T=0200

AX=0023  BX=0089  CX=0089  DX=8900  SP=00FD  BP=0000  SI=0000  DI=0000
DS=073F  ES=073F  SS=073F  CS=073F  IP=0203     NV UP EI PL NZ NA PO NC
073F:0203 BE7812        MOV       SI,1278
-T

AX=0023  BX=0089  CX=0089  DX=8900  SP=00FD  BP=0000  SI=1278  DI=0000
DS=073F  ES=073F  SS=073F  CS=073F  IP=0206     NV UP EI PL NZ NA PO NC
073F:0206 BDFDFF        MOV       BP,FFFD
-T

AX=0023  BX=0089  CX=0089  DX=8900  SP=00FD  BP=FFFD  SI=1278  DI=0000
DS=073F  ES=073F  SS=073F  CS=073F  IP=0209     NV UP EI PL NZ NA PO NC
073F:0209 0000          ADD       [BX+SI],AL                    DS:1301=00
```

【任务 1.6】 设 SI=0098H，编写指令，将 4523H 传送至 SI 指向的字单元。

指令序列：

实验二 1.6

```
MOV SI,0098H                          ;将 0098H 传送至 SI
MOV WORD PTR[SI],4523H                ;将 4523H 传送至 SI 指向的字单元
```

上机执行过程如下。

第一步：用 A 命令汇编指令。

```
-A
073F:0209 MOV SI,0098
073F:020C MOV WORD PTR [SI],4523
073F:0210
```

第二步：指令执行前，用 D 命令观察 0098H 指向的字单元中的内容为 0000H（这样指令执行前后 0098H 指向的字单元中的内容可以对比）。

```
-D DS:0090  009F
073F:0090  00 00 00 00 00 00 00 00-00 00 00 00 00 00 00 00   ................
-
```

第三步：用 T 命令执行两条指令后，0098H 指向的字单元中的内容分别为 4523H。注意：字数据在内存中采用小端方式存放。

```
-T

AX=0023  BX=0089  CX=0089  DX=8900  SP=00FD  BP=FFFD  SI=0098  DI=0000
DS=073F  ES=073F  SS=073F  CS=073F  IP=020C   NV UP EI PL NZ NA PO NC
073F:020C C7042345      MOV     WORD PTR [SI],4523               DS:0098=0000
-T

AX=0023  BX=0089  CX=0089  DX=8900  SP=00FD  BP=FFFD  SI=0098  DI=0000
DS=073F  ES=073F  SS=073F  CS=073F  IP=0210   NV UP EI PL NZ NA PO NC
073F:0210 0000          ADD     [BX+SI],AL                      DS:0121=00
-D DS:0090 009F
073F:0090  00 00 00 00 00 00 00 00-23 45 00 00 00 00 00 00   ........#E......
```

【任务 1.7】 设 CX＝9801H，编写指令，将 CX 中的内容传送至 DI 和 AX。

指令序列：

```
MOV CX,9801H            ;将 9801H 传送至 CX
MOV DI,CX               ;将 CX 中的内容传送至 DI
MOV AX,CX               ;将 CX 中的内容传送至 AX
```

上机执行过程如下。

第一步：用 A 命令汇编指令。

```
-A
073F:0100 MOV CX,9801
073F:0103 MOV DI,CX
073F:0105 MOV AX,CX
073F:0107
```

第二步：指令执行前，用 R 命令观察 CX、DI 和 AX 寄存器中的内容均为 0000H（这样指令执行前后 3 个寄存器中的内容可以对比）。

```
-R
AX=0000  BX=0000  CX=0000  DX=0000  SP=00FD  BP=0000  SI=0000  DI=0000
DS=073F  ES=073F  SS=073F  CS=073F  IP=0100   NV UP EI PL NZ NA PO NC
073F:0100 B90198        MOV     CX,9801
```

第三步：用 T 命令执行 3 条指令后，CX＝9801H，DI＝9801H，AX＝9801H。

实验二 1.7

```
-T=0100

AX=0000  BX=0000  CX=9801  DX=0000  SP=00FD  BP=0000  SI=0000  DI=0000
DS=073F  ES=073F  SS=073F  CS=073F  IP=0103     NV UP EI PL NZ NA PO NC
073F:0103 89CF          MOV     DI,CX
-T

AX=0000  BX=0000  CX=9801  DX=0000  SP=00FD  BP=0000  SI=0000  DI=9801
DS=073F  ES=073F  SS=073F  CS=073F  IP=0105     NV UP EI PL NZ NA PO NC
073F:0105 89C8          MOV     AX,CX
-T

AX=9801  BX=0000  CX=9801  DX=0000  SP=00FD  BP=0000  SI=0000  DI=9801
DS=073F  ES=073F  SS=073F  CS=073F  IP=0107     NV UP EI PL NZ NA PO NC
073F:0107 0000          ADD     [BX+SI],AL              DS:0000=CD
```

实验二 1.8

【任务 1.8】　设 DS＝1201H，编写指令将 DS 中的内容传送至 0003H 指向的字单元。

指令序列：

```
MOV AX,1201H                ;将 1201H 传送至 AX
MOV DS,AX                   ;将 AX 中的内容传送至 DS
MOV [0003H],DS              ;将 DS 中的内容传送至 0003H 指向的字单元
```

上机执行过程如下。

第一步：用 A 命令汇编指令。注意：立即数不能直接传送至段寄存器，可通过 AX 寄存器间接传送至 DS 寄存器。

```
-A
073F:0100 MOV AX,1201
073F:0103 MOV DS,AX
073F:0105 MOV [0003],DS
073F:0109
```

第二步：指令执行前，用 R 命令观察 AX 和 DS 寄存器中的内容分别为 AX＝0000H 和 DS＝073FH。

```
-R
AX=0000  BX=0000  CX=0000  DX=0000  SP=00FD  BP=0000  SI=0000  DI=0000
DS=073F  ES=073F  SS=073F  CS=073F  IP=0100     NV UP EI PL NZ NA PO NC
073F:0100 B80112         MOV     AX,1201
```

指令执行前，用 D 命令观察 0003 指向的字单元中的内容为 00A7H（这样指令执行前后寄存器中的内容可以对比，0003H 指向的字单元中的内容可以对比）。

```
-D 0000 000F
073F:0000  CD 20 3E A7 00 EA FD FF-AD DE 4F 03 A3 01 8A 03   . >......O....
```

第三步：用 T 命令执行 3 条指令后，AX＝1201H，DS＝1201H，0002H 指向的字单元中的内容为 1201H。

```
-T

AX=1201  BX=0000  CX=0000  DX=0000  SP=00FD  BP=0000  SI=0000  DI=0000
DS=073F  ES=073F  SS=073F  CS=073F  IP=0103    NV UP EI PL NZ NA PO NC
073F:0103 8ED8        MOV    DS,AX
-T

AX=1201  BX=0000  CX=0000  DX=0000  SP=00FD  BP=0000  SI=0000  DI=0000
DS=1201  ES=073F  SS=073F  CS=073F  IP=0105    NV UP EI PL NZ NA PO NC
073F:0105 8C1E0300    MOV    [0003],DS                    DS:0003=0000
-T

AX=1201  BX=0000  CX=0000  DX=0000  SP=00FD  BP=0000  SI=0000  DI=0000
DS=1201  ES=073F  SS=073F  CS=073F  IP=0109    NV UP EI PL NZ NA PO NC
073F:0109 0000        ADD    [BX+SI],AL                   DS:0000=00
-D 0000 000F
1201:0000  00 00 00 01 12 00 00 00-00 00 00 00 00 00 00 00    ...............
```

【任务 1.9】 编写指令，将 0012H 指向的字单元中的内容传送至 ES。

指令序列：

```
MOV ES,[0012H]            ;将 0012H 指向的字单元中的内容传送至 ES
```

上机执行过程如下。

第一步：用 A 命令汇编指令。

```
-A
073F:0100 MOV ES,[0012]
073F:0104
```

第二步：指令执行前，用 R 命令观察 ES 段寄存器中的内容为 073FH。

```
-R
AX=0000  BX=0000  CX=0000  DX=0000  SP=00FD  BP=0000  SI=0000  DI=0000
DS=073F  ES=073F  SS=073F  CS=073F  IP=0100    NV UP EI PL NZ NA PO NC
073F:0100 8E061200    MOV    ES,[0012]                    DS:0012=0317
```

指令执行前，用 D 命令观察 0012H 指向的字单元中的内容为 0317H（这样指令执行前后寄存器中的内容可以对比，0012H 指向的字单元中的内容也可以对比）。

```
-D 0010 001F
073F:0010  A3 01 17 03 A3 01 92 01-01 01 01 00 02 FF FF FF    ...............
```

第三步：用 T 命令执行指令后，ES＝0317H。

```
-T=0100

AX=0000  BX=0000  CX=0000  DX=0000  SP=00FD  BP=0000  SI=0000  DI=0000
DS=073F  ES=0317  SS=073F  CS=073F  IP=0104    NV UP EI PL NZ NA PO NC
073F:0104 0000        ADD    [BX+SI],AL                   DS:0000=CD
```

实验二 1.9

实验 1.10

【任务 1.10】　设 BX=7801H,编写指令,将 BX 中的内容传送至 DS,再将 DS 中的内容传送至 DX。

指令序列:

```
MOV BX,7801H        ;将 7801H 传送至 BX
MOV DS,BX           ;将 BX 中的内容传送至 DS
MOV DX,DS           ;将 DS 中的内容传送 DX
```

上机执行过程如下。

第一步:用 A 命令汇编指令。

```
-A
073F:0100 MOV BX,7801
073F:0103 MOV DS,BX
073F:0105 MOV DX,DS
073F:0107
```

第二步:指令执行前,用 R 命令观察 BX、DS 和 DX 寄存器中的内容分别为 BX=0000H、DS=073FH、DX=0000H(这样指令执行前后寄存器中的内容可以对比)。

```
-R
AX=0000  BX=0000  CX=0000  DX=0000  SP=00FD  BP=0000  SI=0000  DI=0000
DS=073F  ES=073F  SS=073F  CS=073F  IP=0100   NV UP EI PL NZ NA PO NC
073F:0100 BB0178        MOV     BX,7801
```

第三步:用 T 命令执行 3 条指令后,BX=7801H;DS=7801H,DX=7801H。

```
-T=0100

AX=0000  BX=7801  CX=0000  DX=0000  SP=00FD  BP=0000  SI=0000  DI=0000
DS=073F  ES=073F  SS=073F  CS=073F  IP=0103   NV UP EI PL NZ NA PO NC
073F:0103 8EDB          MOV     DS,BX
-T

AX=0000  BX=7801  CX=0000  DX=0000  SP=00FD  BP=0000  SI=0000  DI=0000
DS=7801  ES=073F  SS=073F  CS=073F  IP=0105   NV UP EI PL NZ NA PO NC
073F:0105 8CDA          MOV     DX,DS
-T

AX=0000  BX=7801  CX=0000  DX=7801  SP=00FD  BP=0000  SI=0000  DI=0000
DS=7801  ES=073F  SS=073F  CS=073F  IP=0107   NV UP EI PL NZ NA PO NC
073F:0107 0000          ADD     [BX+SI],AL              DS:7801=00
```

➤ 知识拓展

1. 将 0002H 指向的字节单元中的内容传送至 0010H 指向的字节单元。

2. 设 SI=0020H, BX=0003H, 采用 SI 和 BX 做基址变址寻址, 将 SI 和 BX 指向的字单元中的内容传送至 CX。

3. 设 ES=2000H, 将 ES 段中 0009H 单元中的内容传送至 DX。

任务 2　XCHG 指令

➤ 任务目标

1. 牢记 XCHG 指令的格式。

2. 正确使用 XCHG 指令实现字节数据或字数据之间的互换, 从而解决实际问题。

3. 培养多视角的思维模式, 从多层次、多方面、多角度思考问题, 以得到完美的解决方案。

➤ 任务实施

XCHG 指令可以实现寄存器和寄存器之间的互换, 也可以实现寄存器和存储器之间的互换。

📖 字节操作

【任务 2.1】　设 BL=01H, CH=09H, 编写指令, 将 BL 和 CH 中的内容互换。

实验二 2.1

指令序列:

```
MOV BL,01H          ;将 01H 传送至 BL
MOV CH,09H          ;将 09H 传送至 CH
XCHG BL,CH          ;将 CH 和 BL 中的内容互换
```

上机执行过程如下。

第一步: 用 A 命令汇编指令。

```
-A
073F:0100 MOV BL,01
073F:0102 MOV CH,09
073F:0104 XCHG BL,CH
073F:0106
```

第二步：指令执行前，用 R 命令观察 BL 和 CH 寄存器中的内容分别为 BL＝00H、CH＝00H（这样指令执行前后寄存器中的内容可以对比）。

```
-R
AX=0000  BX=0000  CX=0000  DX=0000  SP=00FD  BP=0000  SI=0000  DI=0000
DS=073F  ES=073F  SS=073F  CS=073F  IP=0100    NV UP EI PL NZ NA PO NC
073F:0100 B301          MOV       BL,01
```

第三步：用 T 命令执行前两条指令后，BL＝01H，CH＝09H。

```
-T=0100
AX=0000  BX=0001  CX=0000  DX=0000  SP=00FD  BP=0000  SI=0000  DI=0000
DS=073F  ES=073F  SS=073F  CS=073F  IP=0102    NV UP EI PL NZ NA PO NC
073F:0102 B509          MOV       CH,09
-T
AX=0000  BX=0001  CX=0900  DX=0000  SP=00FD  BP=0000  SI=0000  DI=0000
DS=073F  ES=073F  SS=073F  CS=073F  IP=0104    NV UP EI PL NZ NA PO NC
073F:0104 86DD          XCHG      BL,CH
```

第四步：用 T 命令执行第 3 条指令后，BL 和 CH 中的内容分别为 09H 和 01H。

```
-T
AX=0000  BX=0009  CX=0100  DX=0000  SP=00FD  BP=0000  SI=0000  DI=0000
DS=073F  ES=073F  SS=073F  CS=073F  IP=0106    NV UP EI PL NZ NA PO NC
073F:0106 0000          ADD       [BX+SI],AL                 DS:0009=DE
```

📖 字操作

实验二 2.2

【任务 2.2】 设 DI＝0001H，BX＝0906H，编写指令，将 DI 和 BX 指向的字单元中的内容互换。

指令序列：

```
MOV BX,0906H          ;将 0906H 传送至 BX
MOV DI,0001H          ;将 0001H 传送至 DI
MOV CX,[BX]           ;将 BX 指向的字单元中的内容传送至 CX
XCHG CX,[DI]          ;将 CX 和 DI 指向的字单元中的内容互换
XCHG CX,[BX]          ;将 CX 和 BX 指向的字单元中的内容互换
```

互换过程如图 2.1 所示。

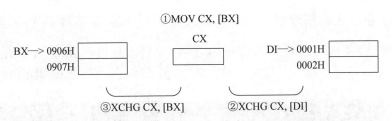

图 2.1　BX 和 DI 指向的字单元中的内容的互换过程

上机执行过程如下。

第一步：用 A 命令汇编指令。

```
-A
073F:0100 MOV BX,0906
073F:0103 MOV DI,0001
073F:0106 MOV CX,[BX]
073F:0108 XCHG CX,[DI]
073F:010A XCHG CX,[BX]
073F:010C
```

第二步：前两条指令执行前，用 R 命令观察 BX 和 DI 寄存器中的内容分别为 BX＝0000H、DI＝0000H。用 T 命令执行前两条指令后，BX＝0906H，DI＝0001H（这样指令执行前后寄存器中的内容可以对比）。

```
-R
AX=0000  BX=0000  CX=0000  DX=0000  SP=00FD  BP=0000  SI=0000  DI=0000
DS=073F  ES=073F  SS=073F  CS=073F  IP=0100    NV UP EI PL NZ NA PO NC
073F:0100 BB0609        MOV     BX,0906

-T=0100
AX=0000  BX=0906  CX=0000  DX=0000  SP=00FD  BP=0000  SI=0000  DI=0000
DS=073F  ES=073F  SS=073F  CS=073F  IP=0103    NV UP EI PL NZ NA PO NC
073F:0103 BF0100        MOV     DI,0001
-T
AX=0000  BX=0906  CX=0000  DX=0000  SP=00FD  BP=0000  SI=0000  DI=0001
DS=073F  ES=073F  SS=073F  CS=073F  IP=0106    NV UP EI PL NZ NA PO NC
073F:0106 8B0F          MOV     CX,[BX]                    DS:0906=0000
```

第三步：后三条指令执行前，用 D 命令观察 BX 指向的字单元中的内容为 3412H（这样指令执行前后 BX 指向的字单元中的内容可以对比）。

```
-D DS:0900 090F
073F:0900  00 00 00 00 00 00 12 34-00 00 00 00 00 00 00 00   .......4........
```

用 D 命令观察 DI 指向的字单元中的内容为 3E20H（这样指令执行前后 DI 指向的字单元中的内容可以对比）。

```
-D DS:0000 000F
073F:0000  CD 20 3E A7 00 EA FD FF-AD DE 4F 03 A3 01 8A 03   . >.......O.....
```

第四步：第 3 条指令执行前,用 R 命令观察 CX 寄存器中的内容为 CX＝0000H。用 T 命令执行第 3 条指令后,CX＝3412H(这样指令执行前后寄存器中的内容可以对比)。

```
-R
AX=0000  BX=0906  CX=0000  DX=0000  SP=00FD  BP=0000  SI=0000  DI=0001
DS=073F  ES=073F  SS=073F  CS=073F  IP=0108      NV UP EI PL NZ NA PO NC
073F:0108 870D          XCHG    CX,[DI]                         DS:0001=3E20
-T=0106

AX=0000  BX=0906  CX=3412  DX=0000  SP=00FD  BP=0000  SI=0000  DI=0001
DS=073F  ES=073F  SS=073F  CS=073F  IP=0108      NV UP EI PL NZ NA PO NC
073F:0108 870D          XCHG    CX,[DI]                         DS:0001=3E20
```

第五步：用 T 命令执行第 4 条指令后,CX＝3E20H,DI 指向的字单元中的内容为 3412H。

```
-T=0108

AX=0000  BX=0906  CX=3E20  DX=0000  SP=00FD  BP=0000  SI=0000  DI=0001
DS=073F  ES=073F  SS=073F  CS=073F  IP=010A      NV UP EI PL NZ NA PO NC
073F:010A 870F          XCHG    CX,[BX]                         DS:0906=3412
-D DS:0000 000F
073F:0000 CD 12 34 A7 00 EA FD FF-AD DE 4F 03 A3 01 8A 03   ..4.......O.....
```

第六步：用 T 命令执行第 5 条指令后,CX＝3412,BX 指向的字单元中的内容为 3E20H。

```
-T=010A

AX=0000  BX=0906  CX=3412  DX=0000  SP=00FD  BP=0000  SI=0000  DI=0001
DS=073F  ES=073F  SS=073F  CS=073F  IP=010C      NV UP EI PL NZ NA PO NC
073F:010C 0000          ADD     [BX+SI],AL                      DS:0906=20
-D DS:0900 090F
073F:0900 00 00 00 00 00 00 00 00-20 3E 00 00 00 00 00 00   ...... >........
```

➤ 知识拓展

1. 设 CL＝78H,将 CL 和 0010H 指向的字节单元中的内容互换。

2. 设 SI＝1002H,BX＝0006H,将 SI 和 BX 指向的字节单元中的内容互换。

3. 设 BX＝2000H,SI＝0090H,将 BX 和 SI 中的内容互换。

4. 设 DX＝8901H,将 DX 和 0030H 指向的字单元中的内容互换。

任务 3 堆 栈 指 令

堆栈指令包括两条指令,分别为 PUSH 和 POP 指令,它们的作用是实现字数据之间的传送。

➤ 任务目标

1. 牢记 PUSH 和 POP 指令格式。

2. 正确使用 PUSH 指令和 POP 指令解决实际问题。

3. 分析各种类型指令之间的变化,培养分析、解决问题的能力。

➤ 任务实施

PUSH 指令可实现将寄存器或存储器的数据推入堆栈,POP 指令可实现将堆栈中的内容弹出至寄存器或存储器。

📖 字操作

实验二 3.1

【任务 3.1】 设 BX=6789H,SP=1209H,编写指令,将 BX 推入堆栈段 SP 指向的字单元。

指令序列:

```
MOV BX,6789H          ;将 6789H 传送至 BX
MOV SP,1209H          ;将 1209H 传送至 SP
PUSH BX               ;将 BX 中的内容推入 SP 指向的字单元
```

上机执行过程如下。

第一步:用 A 命令汇编指令。

```
-A
073F:0100 MOV BX,6789
073F:0103 MOV SP,1209
073F:0106 PUSH BX
073F:0107
-
```

第二步：指令执行前，用 R 命令观察 BX 和 SP 寄存器中的内容分别为 BX=0000H、SP=00FDH。用 T 命令执行前两条指令后，BX=6789H，SP=1209H（这样指令执行前后寄存器中的内容可以对比）。

```
-R
AX=0000  BX=0000  CX=0000  DX=0000  SP=00FD  BP=0000  SI=0000  DI=0000
DS=073F  ES=073F  SS=073F  CS=073F  IP=0100   NV UP EI PL NZ NA PO NC
073F:0100 BB8967        MOV     BX,6789

-T=0100

AX=0000  BX=6789  CX=0000  DX=0000  SP=00FD  BP=0000  SI=0000  DI=0000
DS=073F  ES=073F  SS=073F  CS=073F  IP=0103   NV UP EI PL NZ NA PO NC
073F:0103 BC0912        MOV     SP,1209
-T

AX=0000  BX=6789  CX=0000  DX=0000  SP=1209  BP=0000  SI=0000  DI=0000
DS=073F  ES=073F  SS=073F  CS=073F  IP=0106   NV UP EI PL NZ NA PO NC
073F:0106 53            PUSH    BX
```

第三步：第 3 条指令执行前，用 D 命令观察堆栈段内存单元中存放数据的情况（这样指令执行前后堆栈段中的内容可以对比）。

```
-D SS:1200 120F
073F:1200  00 00 00 06 01 3F 07 A3-01 00 00 00 00 00 00 00    .....?.........
```

上述内存单元以横图形式显示，将一部分内存单元以竖图形式显示，如图 2.2 所示。

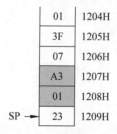

01	1204H
3F	1205H
07	1206H
A3	1207H
01	1208H
SP → 23	1209H

图 2.2　PUSH 指令执行前堆栈段中的内容的变化情况

第四步：用 T 命令执行第 3 条指令后，SP=1207H，SP 指向的字单元中的内容为 6789H，实现将 BX 中的内容推入 SP 指向的字单元。

```
-T=0106

AX=0000  BX=6789  CX=0000  DX=0000  SP=1207  BP=0000  SI=0000  DI=0000
DS=073F  ES=073F  SS=073F  CS=073F  IP=0107   NV UP EI PL NZ NA PO NC
073F:0107 0000          ADD     [BX+SI],AL                  DS:6789=00
-D SS:1200 120F
073F:1200  00 07 01 3F 07 A3 01 89-67 00 00 00 00 00 00 00    ...?...g.......
```

上述内存单元以横图形式显示，将一部分内存单元以竖图形式显示，如

图 2.3 所示。

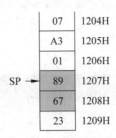

07	1204H
A3	1205H
01	1206H
SP → 89	1207H
67	1208H
23	1209H

图 2.3　PUSH 指令执行后堆栈段中的内容的变化情况

【**任务 3.2**】　设 SP＝0008H,编写指令,将 SP 指向的字单元中的内容弹出并传送至 2000H 指向的字单元。

实验二 3.2

指令序列:

```
MOV SP,0008H        ;将 0008H 传送至 SP
POP [2000H]         ;将 SP 指向的字单元中的内容弹出并传送至 2000H 指
                     向的字单元
```

上机执行过程如下。

第一步:用 A 命令汇编指令。

```
-A
073F:0100 MOV SP,0008
073F:0103 POP [2000]
073F:0107
```

第二步:指令执行前,用 R 命令观察 SP 寄存器中的内容分别为 SP＝00FDH(这样指令执行前后寄存器中的内容可以对比)。

```
-R
AX=0000  BX=0000  CX=0000  DX=0000  SP=00FD  BP=0000  SI=0000  DI=0000
DS=073F  ES=073F  SS=073F  CS=073F  IP=0100    NV UP EI PL NZ NA PO NC
073F:0100 BC0800              MOV     SP,0008
```

第三步:用 T 命令执行第 1 条指令后,SP＝0008H。

```
-T=0100

AX=0000  BX=0000  CX=0000  DX=0000  SP=0008  BP=0000  SI=0000  DI=0000
DS=073F  ES=073F  SS=073F  CS=073F  IP=0103    NV UP EI PL NZ NA PO NC
073F:0103 8F060020            POP     [2000]                       DS:2000=0000
```

第四步:第 2 条指令执行前,用 D 命令观察数据段 2000H 指向的字单元中的内容为 0000H(这样指令执行前后堆栈段中的内容可以对比)。

```
-D DS:2000 200F
073F:2000  00 00 00 00 00 00 00 00-00 00 00 00 00 00 00 00    ................
```

第 2 条指令执行前，用 D 命令观察堆栈段 SP 指向的内存单元中的内容为 DEADH。

```
-D SS:0000 000F
073F:0000  00 00 03 01 3F 07 A3 01-AD DE 4F 03 A3 01 8A 03    ....?.....O.....
```

第五步：用 T 命令执行第 2 条指令后，SP＝000AH，2000H 指向的字单元中的内容为 DEADH，实现将 SP 指向的字单元中的内容弹出并传送至 2000H 指向的字单元。

```
-T=0103

AX=0000  BX=0000  CX=0000  DX=0000  SP=000A  BP=0000  SI=0000  DI=0000
DS=073F  ES=073F  SS=073F  CS=073F  IP=0107   NV UP EI PL NZ NA PO NC
073F:0107 0000        ADD    [BX+SI],AL                       DS:0000=00
-D DS:2000 200F
073F:2000  AD DE 00 00 00 00 00 00-00 00 00 00 00 00 00 00    ................
```

➤ 知识拓展

1. 设 0002H 指向的字单元中的内容为 2356H，SS＝3000H，SP＝0009H，将该字单元中的内容推入堆栈段。

2. 设 SP＝8003H，SS＝4000H，将 SP 指向的字单元中的内容弹出并传送至 DX。

3. 设 DX＝9820H，AX＝1220H，通过 PUSH 指令和 POP 指令将 DX 和 AX 中的内容互换。

任务 4　加法指令

加法指令包括 3 条指令，分别为 ADD、ADC 和 INC，其作用是对有符号数或无符号数执行字节或字的加法运算。

➤ 任务目标

1. 牢记 ADD、ADC 和 INC 指令的格式。

2. 正确使用 ADD、ADC 和 INC 指令，从而解决实际问题。

3. 通过对指令的学习促进对编程的理解,具备初步的编程思维。

➤ **任务实施**

ADD、ADC 和 INC 指令可实现字节或字数据的加法运算。

📖 **字节操作**

实验二 4.1

【**任务 4.1**】　编写指令,对 12H 和 89H 进行求和,结果存放至 DH。

指令序列:

```
MOV DH,12H                ;将 12H 传送至 DH
ADD DH,89H                ;将 DH 和 89H 相加,结果 9BH 传送至 DH
```

上机执行过程如下。

第一步:用 A 命令汇编指令。

```
-A
073F:0100 MOV DH,12
073F:0102 ADD DH,89
073F:0105
```

第二步:指令执行前,用 R 命令观察 DH 中的内容为 DH=00H(这样指令执行前后寄存器中的内容可以对比)。

```
-R
AX=0000  BX=0000  CX=0000  DX=0000  SP=00FD  BP=0000  SI=0000  DI=0000
DS=073F  ES=073F  SS=073F  CS=073F  IP=0100    NV UP EI PL NZ NA PO NC
073F:0100 B612          MOV     DH,12
```

第三步:用 T 命令执行第 1 条指令后,DH=12H。

```
-T
AX=0000  BX=0000  CX=0000  DX=1200  SP=00FD  BP=0000  SI=0000  DI=0000
DS=073F  ES=073F  SS=073F  CS=073F  IP=0102    NV UP EI PL NZ NA PO NC
073F:0102 80C689        ADD     DH,89
```

用 T 命令执行第 2 条指令后,DH=9BH。注意:数据按十六进制进行加法运算。

```
-T
AX=0000  BX=0000  CX=0000  DX=9B00  SP=00FD  BP=0000  SI=0000  DI=0000
DS=073F  ES=073F  SS=073F  CS=073F  IP=0105    NV UP EI NG NZ NA PO NC
073F:0105 0000          ADD     [BX+SI],AL                    DS:0000=CD
```

【任务 4.2】　编写指令，从 0000H 指向的字节单元开始进行连续 3 字节数据求和，结果存放至 CL。

指令序列：

```
MOV CL,[0000H]   ;将 0000H 指向的字节单元中的内容传送至 CL
ADD CL,[0001H]   ;将 CL 和 0001H 指向的字节单元中的内容相加,结果传送至 CL
ADD CL,[0002H]   ;将 CL 和 0002H 指向的字节单元中的内容相加,结果传送至 CL
```

上机执行过程如下。

第一步：用 A 命令汇编指令。

```
-A
073F:0100 MOV CL,[0000]
073F:0104 ADD CL,[0001]
073F:0108 ADD CL,[0002]
073F:010C
```

第二步：指令执行前，用 D 命令观察 0000H 指向的字节单元中的内容为 CDH，0001H 指向的字节单元中的内容为 20H，0002H 指向的字节单元中的内容为 3EH。

```
-D DS:0000 000F
073F:0000  CD 20 3E A7 00 EA FD FF-AD DE 4F 03 A3 01 8A 03    . >......O.....
```

第三步：用 T 命令执行第 1 条指令后，CL＝CDH。

```
-T=0100

AX=0000  BX=0000  CX=00CD  DX=0000  SP=00FD  BP=0000  SI=0000  DI=0000
DS=073F  ES=073F  SS=073F  CS=073F  IP=0104   NV UP EI PL NZ NA PO NC
073F:0104 020E0100        ADD     CL,[0001]                    DS:0001=20
```

用 T 命令执行第 2 条指令后，CDH＋20H＝EDH，CL＝EDH。

```
-T

AX=0000  BX=0000  CX=00ED  DX=0000  SP=00FD  BP=0000  SI=0000  DI=0000
DS=073F  ES=073F  SS=073F  CS=073F  IP=0108   NV UP EI NG NZ NA PE NC
073F:0108 020E0200        ADD     CL,[0002]                    DS:0002=3E
```

用 T 命令执行第 3 条指令后，EDH＋3EH＝2B，CL＝2BH。EDH 和 3EH 相加，最高位有进位，所以 CF＝1，状态为 CY。

```
-T

AX=0000  BX=0000  CX=002B  DX=0000  SP=00FD  BP=0000  SI=0000  DI=0000
DS=073F  ES=073F  SS=073F  CS=073F  IP=010C   NV UP EI PL NZ AC PE CY
073F:010C 0000           ADD     [BX+SI],AL                    DS:0000=CD
```

EDH 和 3EH 相加的执行过程如图 2.4 所示。

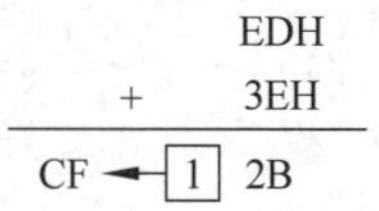

$$
\begin{array}{r}
\text{EDH} \\
+ \quad \text{3EH} \\
\hline
\text{CF} \leftarrow \boxed{1} \ \text{2B} \\
\end{array}
$$

图 2.4　EDH 和 3EH 相加的执行过程

📖 **字操作**

实验二 4.3

【任务 4.3】　设 0000H 指向的字单元中的内容为 9012H，BX＝1002H，编写指令，求这两个数据的累加和，结果存放至 BX。

指令序列：

```
MOV WORD PTR [0000H],9012H    ;将 9012H 传送至 0000H 指向的字单元
MOV BX,1002H                  ;将 1002H 传送至 BX
ADD BX,[0000H]    ;将 BX 和 0000H 指向的字单元中的内容相加,结果传送至 BX
```

上机执行过程如下。

第一步：用 A 命令汇编指令。

```
-A
073F:0100 MOV WORD PTR [0000],9012
073F:0106 MOV BX,1002
073F:0109 ADD BX,[0000]
073F:010D
```

第二步：用 T 命令执行第 1 条指令后，0000H 指向的字单元中的内容为 9012H。

```
-T=0100
AX=0000  BX=0000  CX=0000  DX=0000  SP=00FD  BP=0000  SI=0000  DI=0000
DS=073F  ES=073F  SS=073F  CS=073F  IP=0106   NV UP EI PL NZ NA PO NC
073F:0106 BB0210        MOV     BX,1002
-D DS:0000 000F
073F:0000  12 90 3E A7 00 EA FD FF-AD DE 4F 03 A3 01 8A 03   ..>.......O.....
```

用 T 命令执行第 2 条指令后，BX＝1002H。

```
-T
AX=0000  BX=1002  CX=0000  DX=0000  SP=00FD  BP=0000  SI=0000  DI=0000
DS=073F  ES=073F  SS=073F  CS=073F  IP=0109   NV UP EI PL NZ NA PO NC
073F:0109 031E0000        ADD     BX,[0000]                     DS:0000=9012
```

用 T 命令执行第 3 条指令后，9012H＋1002H＝A014H，BX＝A014H。

两个数相加，最高位没有进位，所以 CF＝0，状态为 NC。

```
-T

AX=0000  BX=A014  CX=0000  DX=0000  SP=00FD  BP=0000  SI=0000  DI=0000
DS=073F  ES=073F  SS=073F  CS=073F  IP=010D     NV UP EI NG NZ NA PE NC
073F:010D 00AEFE00      ADD     [BP+00FE],CH                  SS:00FE=00
```

实验二 4.4

【任务 4.4】 编写指令，对双字 12309801H 和 7898018H 进行求和，结果存放至 AX：BX。

分析：因为所有寄存器都为 16 位，所以双字求和需要转换为两个单字求和的过程，如图 2.5 所示。

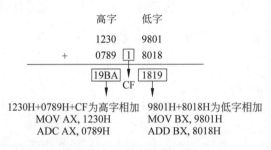

图 2.5　双字求和的过程

指令序列：

```
MOV BX,9801H              ;将 9801H 传送至 BX
ADD BX,8018H              ;将 BX 和 8018H 相加,结果传送至 BX
MOV AX,1230H              ;将 1230H 传送至 AX
ADC AX,0789H              ;将 AX、0789H 和 CF 三者相加,结果传送至 AX
```

双字结果传送至 AX：BX。

上机执行过程如下。

第一步：用 A 命令汇编指令。

```
-A
073F:0100 MOV BX,9801
073F:0103 ADD BX,8018
073F:0107 MOV AX,1230
073F:010A ADC AX,0789
073F:010D
```

第二步：指令执行前，用 R 命令观察 AX 和 BX 中的内容为 AX＝0000H、BX＝0000H（这样指令执行前后寄存器中的内容可以对比）。

```
-R
AX=0000  BX=0000  CX=0000  DX=0000  SP=00FD  BP=0000  SI=0000  DI=0000
DS=073F  ES=073F  SS=073F  CS=073F  IP=0100     NV UP EI PL NZ NA PO NC
073F:0100 BB0198          MOV     BX,9801
```

第三步：用 T 命令执行前两条指令后，BX＝1819H。

用 T 命令执行后两条指令后，AX＝19BAH，将双字结果存放至 AX 和
BX，两个寄存器连接起来为双字结果 AX：BX＝19BA1819H。

➤ 知识拓展

1. 设 0002H 指向的字节单元中的内容为 23H、BL＝56H、AH＝78H，编
写指令，求这三个数的累加和，结果传送至 AH。

2. 设 SI＝8013H，BX＝4000H，编写指令，求这两个数据的累加和，结果传
送至 SI。

3. 编写指令，求任意 5 字节数据的累加和。

4. 设 BX＝8709H，编写指令，实现 BX 中的内容加 1，结果传送至 BX。

5. 编写指令，实现任意 3 个双字求和。

任务 5　减法指令

减法指令包括 5 条指令，分别为 SUB、SBB、DEC、NEG 和 CMP，其作用是
针对有符号数和无符号数执行字节或字的减法运算。

> 任务目标

1. 牢记 SUB、SBB 和 DEC 指令的格式。

2. 牢记 NEG 和 CMP 指令的格式。

3. 正确使用 SUB、SBB、DEC、NEG 和 CMP 指令，从而解决实际问题。

4. 编写复杂的程序段，培养由浅入深的思维方式和反复推敲代码的习惯。

> 任务实施

SUB、SBB、DEC、NEG 和 CMP 指令可实现字节或字数据的减法运算。

实验二 5.1

📖 字节操作

【任务 5.1】 设 0003H 指向的字节单元中的内容为 78H，AL＝19H，编写指令，将两个数相减，结果存放至 0003H 指向的字节单元。

指令序列：

```
MOV BYTE PTR[0003H],78H    ;将 78H 传送至 0003H 指向的字节单元
MOV AL,19H                 ;将 19H 传送至 AL
SUB[0003H],AL    ;0003H 指向的字节单元中的内容和 AL 相减，结果 5FH 传送至
                 ;0003H 指向的字节单元
```

上机执行过程如下。

第一步：用 A 命令汇编指令。

```
-A
073F:0100 MOV BYTE PTR [0003],78
073F:0105 MOV AL,19
073F:0107 SUB [0003],AL
073F:010B
-
```

第二步：指令执行前，用 D 命令观察数据段 0003H 指向的字节单元中的内容为 00H（这样指令执行前后数据段中的内容可以对比）。

```
-D DS:0000 000F
073F:0000  CD 20 3E A7 00 EA FD FF-AD DE 4F 03 A3 01 8A 03   . >......O....
```

指令执行前，用 R 命令观察 AL 中的内容为 AL＝00H（这样指令执行前后寄存器中的内容可以对比）。

```
-R
AX=0000  BX=0000  CX=0000  DX=0000  SP=00FD  BP=0000  SI=0000  DI=0000
DS=073F  ES=073F  CS=073F                                    NV UP EI PL NZ NA PO
073F:0100 C606030078     MOV     BYTE PTR [0003],78              DS:0003=A7
```

第三步：用 T 命令执行第一条指令后，0003H 指向的字节单元中的内容为 78H。

```
-T=0100

AX=0000  BX=0000  CX=0000  DX=0000  SP=00FD  BP=0000  SI=0000  DI=0000
DS=073F  ES=073F  SS=073F  CS=073F  IP=0105      NV UP EI PL NZ NA PO NC
073F:0105 B019           MOV     AL,19
-D DS:0000 000F
073F:0000  CD 20 3E 78 00 EA FD FF-AD DE 4F 03 A3 01 8A 03    . >x......O.....
```

用 T 命令执行第 2 条指令后，AL=19H。

```
-T

AX=0019  BX=0000  CX=0000  DX=0000  SP=00FD  BP=0000  SI=0000  DI=0000
DS=073F  ES=073F  SS=073F  CS=073F  IP=0107      NV UP EI PL NZ NA PO NC
073F:0107 28060600300    SUB     [0003],AL                      DS:0003=78
```

用 T 命令执行第 3 条指令后，0003H 指向的字节单元中的内容为 5FH。

```
-T`

AX=0019  BX=0000  CX=0000  DX=0000  SP=00FD  BP=0000  SI=0000  DI=0000
DS=073F  ES=073F  SS=073F  CS=073F  IP=010B      NV UP EI PL NZ AC PE NC
073F:010B 8907           MOV     [BX],AX                        DS:0000=20CD
-D DS:0000 000F
073F:0000  CD 20 3E 5F 00 EA FD FF-AD DE 4F 03 A3 01 8A 03    . >_......O.....
```

【任务 5.2】　设 AL=−3，编写指令，将 AL 中的内容变为＋3。

指令序列：

实验二 5.2

```
MOV AL,-3        ；将-3 传送至 AL
NEG AL           ；将 0-AL 结果传送至 AL
```

上机执行过程如下。

第一步：用 A 命令汇编指令。

```
-A
073F:0100 MOV AL,-3
073F:0102 NEG AL
073F:0104
```

第二步：指令执行前，用 R 命令观察 AL 中的内容为 AL=00H（这样指令执行前后寄存器中的内容可以对比）。

```
-R
AX=0000  BX=0000  CX=0000  DX=0000  SP=00FD  BP=0000  SI=0000  DI=0000
DS=073F  ES=073F  SS=073F  CS=073F  IP=0100      NV UP EI PL NZ NA PO NC
073F:0100 B0FD           MOV     AL,FD
```

第三步：用 T 命令执行第 1 条指令后，AL 中的内容为 FDH，－3 的补码为 FDH。

```
-T=0100

AX=00FD  BX=0000  CX=0000  DX=0000  SP=00FD  BP=0000  SI=0000  DI=0000
DS=073F  ES=073F  SS=073F  CS=073F  IP=0102   NV UP EI PL NZ NA PO NC
073F:0102 F6D8          NEG     AL
```

用 T 命令执行第 2 条指令后，AL＝03H。

```
-T

AX=0003  BX=0000  CX=0000  DX=0000  SP=00FD  BP=0000  SI=0000  DI=0000
DS=073F  ES=073F  SS=073F  CS=073F  IP=0104   NV UP EI PL NZ AC PE CY
073F:0104 0000          ADD     [BX+SI],AL                      DS:0000=CD
```

📖 字操作

实验二 5.3

【任务 5.3】　设 DX＝9812H，BX＝7810H，编写指令，将这两个数相减，结果存放至 DX。

指令序列：

```
MOV DX,9812H      ;将 9812H 传送至 DX
MOV BX,7810H      ;将 7810H 传送至 BX
SUB DX,BX         ;DX 和 BX 相减,结果传送至 DX
```

上机执行过程如下。

第一步：用 A 命令汇编指令。

```
-A
073F:0100 MOV DX,9812
073F:0103 MOV BX,7810
073F:0106 SUB DX,BX
073F:0108
```

第二步：用 T 命令执行前两条指令后，DX 和 BX 中的内容分别为 DX＝9812H、BX＝7810H。

```
-T

AX=0000  BX=0000  CX=0000  DX=9812  SP=00FD  BP=0000  SI=0000  DI=0000
DS=073F  ES=073F  SS=073F  CS=073F  IP=0103   NV UP EI PL NZ NA PO NC
073F:0103 BB1078          MOV     BX,7810
-T

AX=0000  BX=7810  CX=0000  DX=9812  SP=00FD  BP=0000  SI=0000  DI=0000
DS=073F  ES=073F  SS=073F  CS=073F  IP=0106   NV UP EI PL NZ NA PO NC
073F:0106 29DA          SUB     DX,BX
```

用 T 命令执行第 3 条指令后，DX＝2002H。

```
-T
AX=0000  BX=7810  CX=0000  DX=2002  SP=00FD  BP=0000  SI=0000  DI=0000
DS=073F  ES=073F  SS=073F  CS=073F  IP=0108   OV UP EI PL NZ NA PO NC
073F:0108 0000           ADD     [BX+SI],AL                      DS:7810=00
```

【任务 5.4】　编写指令，将双字 89107823H 和 76108310H 相减，结果存放
至 CX∶DX。

实验 5.4

分析：因为所有寄存器都为 16 位，所以双字相减需要转换为两个单字相
减。相减过程如图 2.6 所示。

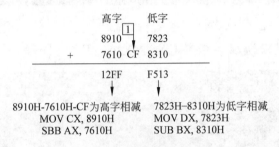

图 2.6　双字相减的过程

指令序列：

```
MOV DX,7823H    ;将 7823H 传送至 DX
SUB DX,8310H    ;DX 和 8310H 相减，结果传送至 DX
MOV CX,8910H    ;将 8910H 传送至 CX
SBB CX,7610H    ;CX 减 7610H 再减 CF，结果传送至 CX
```

双字结果传送至 CX∶DX。

上机执行过程如下。

第一步：用 A 命令汇编指令。

```
-A
073F:0100 MOV DX,7823
073F:0103 SUB DX,8310
073F:0107 MOV CX,8910
073F:010A SBB CX,7610
073F:010E
```

第二步：指令执行前，用 R 命令观察 CX 和 DX 中的内容为 CX＝0000H、
DX＝0000H（这样指令执行前后寄存器中的内容可以对比）。

```
-R
AX=0000  BX=0000  CX=0000  DX=0000  SP=00FD  BP=0000  SI=0000  DI=0000
DS=073F  ES=073F  SS=073F  CS=073F  IP=0100   NV UP EI PL NZ NA PO NC
073F:0100 BA2378        MOV     DX,7823
```

第三步：用 T 命令执行前两条指令后，DX 中的内容为 DX＝F513H。

```
-T

AX=0000  BX=0000  CX=0000  DX=7823  SP=00FD  BP=0000  SI=0000  DI=0000
DS=073F  ES=073F  SS=073F  CS=073F  IP=0103   NV UP EI PL NZ NA PO NC
073F:0103 81EA1083       SUB     DX,8310
-T

AX=0000  BX=0000  CX=0000  DX=F513  SP=00FD  BP=0000  SI=0000  DI=0000
DS=073F  ES=073F  SS=073F  CS=073F  IP=0107   OV UP EI NG NZ NA PO CY
073F:0107 B91089        MOV     CX,8910
```

用 T 命令执行后两条指令后，CX＝2002H，双字结果存放至 CX 和 DX，两个寄存器连接起来为双字结果 CX：DX＝12FFF513H。

```
-T

AX=0000  BX=0000  CX=8910  DX=F513  SP=00FD  BP=0000  SI=0000  DI=0000
DS=073F  ES=073F  SS=073F  CS=073F  IP=010A   OV UP EI NG NZ NA PO CY
073F:010A 81D91076       SBB     CX,7610
-T

AX=0000  BX=0000  CX=12FF  DX=F513  SP=00FD  BP=0000  SI=0000  DI=0000
DS=073F  ES=073F  SS=073F  CS=073F  IP=010E   OV UP EI PL NZ AC PE NC
073F:010E 0000          ADD     [BX+SI],AL                    DS:0000=CD
```

> ➤ **知识拓展**

1. 设 CH＝23H、BL＝76H、AH＝42H，编写指令，将三个数相减，结果传送至 CH。

2. 设 1000H 指向的字单元中的内容为 2301H，SI＝8091H，编写指令，实现两个数相减，结果传送至 1000H 指向的字单元。

3. 编写指令，实现从 0090H 指向的字单元开始，连续 3 个字单元中的内容相减，结果传送至 BX。

4. 编写指令，实现任意 3 个双字相减。

5. 设 BX＝1200H，BX 指向的字单元中的内容为 3403H，编写指令，将 BX 指向的字单元中的内容减 1，然后传送至 BX 指向的字单元。

任务6 乘法指令

乘法指令包括两条指令,分别为无符号数乘法指令 MUL 和有符号数乘法指令 IMUL,其作用是实现字节数据和字数据的相乘操作。

➢ 任务目标

1. 牢记 MUL 和 IMUL 指令的格式。

2. 牢记根据数据类型选择 MUL 和 IMUL 指令。

3. 正确使用 MUL 和 IMUL 指令解决实际问题。

4. 编写复杂程序段,养成耐心、脚踏实地和一丝不苟的学习习惯。

➢ 任务实施

MUL 和 IMUL 指令可实现字节或字数据的乘法运算。

📖 字节操作

实验二 6.1

【**任务6.1**】 编写指令,实现无符号数 23H 和 02H 相乘。

分析:23H 和 02H 相乘的执行过程如图 2.7 所示。

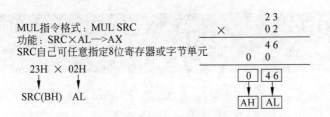

图 2.7 23H 和 02H 相乘的执行过程

指令序列:

```
MOV AL,02H     ;将 02H 传送至 AL
MOV BH,23H     ;将 23H 传送至 BH
```

MUL BH   ;BH 和 AL 相乘,结果传送至 AX

上机执行过程如下。

第一步:用 A 命令汇编指令。

```
-A
073F:0100 MOV AL,02
073F:0102 MOV BH,23
073F:0104 MUL BH
073F:0106
```

第二步:指令执行前,用 R 命令观察 AL 和 BH 中的内容为 AL＝00H、
BH＝00H(这样指令执行前后寄存器中的内容可以对比)。

```
-R
AX=0000  BX=0000  CX=0000  DX=0000  SP=00FD  BP=0000  SI=0000  DI=0000
DS=073F  ES=073F  SS=073F  CS=073F  IP=0100   NV UP EI PL NZ NA PO NC
073F:0100 B002        MOV    AL,02
-R AX
AX 0000
:1256
-R
AX=1256  BX=0000  CX=0000  DX=0000  SP=00FD  BP=0000  SI=0000  DI=0000
DS=073F  ES=073F  SS=073F  CS=073F  IP=0100   NV UP EI PL NZ NA PO NC
073F:0100 B002        MOV    AL,02
```

第三步:用 T 命令执行前两条指令后,AL＝02H,BL＝23H。

```
-T=0100
AX=1202  BX=0000  CX=0000  DX=0000  SP=00FD  BP=0000  SI=0000  DI=0000
DS=073F  ES=073F  SS=073F  CS=073F  IP=0102   NV UP EI PL NZ NA PO NC
073F:0102 B723        MOV    BH,23
-T
AX=1202  BX=2300  CX=0000  DX=0000  SP=00FD  BP=0000  SI=0000  DI=0000
DS=073F  ES=073F  SS=073F  CS=073F  IP=0104   NV UP EI PL NZ NA PO NC
073F:0104 F6E7        MUL    BH
```

用 T 命令执行最后一条指令后,AX＝0046H。

```
-T
AX=0046  BX=2300  CX=0000  DX=0000  SP=00FD  BP=0000  SI=0000  DI=0000
DS=073F  ES=073F  SS=073F  CS=073F  IP=0106   NV UP EI PL NZ NA PO NC
073F:0106 0000        ADD    [BX+SI],AL              DS:2300=00
```

实验二 6.2

【任务 6.2】 设 0002H 指向的字节单元中的内容为 56H,编写指令,实现
无符号数 0002H 指向的字节单元中的内容和 89H 相乘。

分析:0002H 指向的字节单元中的内容和 89H 相乘的执行过程如图 2.8
所示。

指令序列:

MOV AL,89H   ;将 89H 传送至 AL

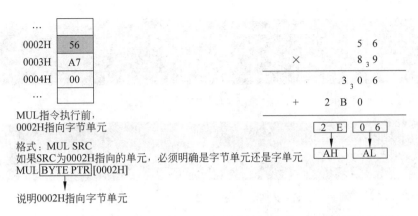

图 2.8　0002H 指向的字节单元中的内容和 89H 相乘的执行过程

```
MOV BYTE PTR[0002H],56H  ;将 56H 传送至 0002H 指向的字节单元
MUL BYTE PTR[0002H]      ;0002H 指向的字节单元中的内容和 AL 相乘,结果传送 AX
```

上机执行过程如下。

第一步:用 A 命令汇编指令。

```
-A
073F:0100 MOV AL,89
073F:0102 MOV BYTE PTR [0002],56
073F:0107 MUL BYTE PTR [0002]
073F:010B
```

第二步:指令执行前,用 R 命令观察 AL 中的内容为 AL＝00H(这样指令执行前后寄存器中的内容可以对比)。

```
-R
AX=0000  BX=0000  CX=0000  DX=0000  SP=00FD  BP=0000  SI=0000  DI=0000
DS=073F  ES=073F  SS=073F  CS=073F  IP=0100   NV UP EI PL NZ NA PO NC
073F:0100 B089          MOV     AL,89
```

第三步:指令执行前,用 D 命令观察数据段 0002H 指向的字节单元中的内容为 3EH(这样指令执行前后数据段中的内容可以对比)。

```
-D DS:0000 000F
073F:0000  CD 20 3E A7 00 EA FD FF-AD DE 4F 03 A3 01 8A 03   . >......O....
```

第四步:用 T 命令执行前两条指令后,AL＝89H,0002H 指向的字节单元中的内容为 56H。

```
-T=0100
AX=0089  BX=0000  CX=0000  DX=0000  SP=00FD  BP=0000  SI=0000  DI=0000
DS=073F  ES=073F  SS=073F  CS=073F  IP=0102   NV UP EI PL NZ NA PO NC
073F:0102 C606020056    MOV     BYTE PTR [0002],56        DS:0002=3E
-T
```

```
AX=0089  BX=0000  CX=0000  DX=0000  SP=00FD  BP=0000  SI=0000  DI=0000
DS=073F  ES=073F  SS=073F  CS=073F  IP=0107     NV UP EI PL NZ NA PO NC
073F:0107 F6260200      MUL     BYTE PTR [0002]               DS:0002=56
-D DS:0000 000F
073F:0000  CD 20 56 A7 00 EA FD FF-AD DE 4F 03 A3 01 8A 03   . V.......O.....
```

用 T 命令执行最后一条指令后，AX＝2E06H。

```
-T

AX=2E06  BX=0000  CX=0000  DX=0000  SP=00FD  BP=0000  SI=0000  DI=0000
DS=073F  ES=073F  SS=073F  CS=073F  IP=010B     OV UP EI PL NZ NA PO CY
073F:010B D910          FST     DWORD PTR [BX+SI]              DS:0000=2
```

【任务 6.3】　编写指令，实现有符号数−3 和 2 相乘。

指令序列：

实验二 6.3

```
MOV AL,2                    ;将 2 传送至 AL
MOV BL,-3                   ;将−3 传送至 BL
MUL BL                      ;BL 和 AL 相乘,结果传送至 AX
```

上机执行过程如下。

第一步：用 A 命令汇编指令。

```
-A
073F:0100 MOV AL,2
073F:0102 MOV BL,-3
073F:0104 IMUL BL
073F:0106
```

第二步：指令执行前，用 R 命令观察 AL 和 BL 中的内容为 AL＝00H、BL＝00H（这样指令执行前后寄存器中的内容可以对比）。

```
-R
AX=0000  BX=0000  CX=0000  DX=0000  SP=00FD  BP=0000  SI=0000  DI=0000
DS=073F  ES=073F  SS=073F  CS=073F  IP=0100     NV UP EI PL NZ NA PO NC
073F:0100 B002          MOV     AL,02
```

第三步：用 T 命令执行前两条指令后，AL＝2，BL＝FDH，因为−3 的补码为 FDH。

```
-T=0100

AX=0002  BX=0000  CX=0000  DX=0000  SP=00FD  BP=0000  SI=0000  DI=0000
DS=073F  ES=073F  SS=073F  CS=073F  IP=0102     NV UP EI PL NZ NA PO NC
073F:0102 B3FD          MOV     BL,FD
-T

AX=0002  BX=00FD  CX=0000  DX=0000  SP=00FD  BP=0000  SI=0000  DI=0000
DS=073F  ES=073F  SS=073F  CS=073F  IP=0104     NV UP EI PL NZ NA PO NC
073F:0104 F6EB          IMUL    BL
```

用 T 命令执行最后一条指令后，AX＝FFFAH，−6 的 16 位补码为 FFFAH。

```
-T

AX=FFFA  BX=00FD  CX=0000  DX=0000  SP=00FD  BP=0000  SI=0000  DI=0000
DS=073F  ES=073F  SS=073F  CS=073F  IP=0106   NV UP EI PL NZ NA PO NC
073F:0106 0000        ADD      [BX+SI],AL                       DS:00FD=00
```

📖 字操作

实验二 6.4

【任务 6.4】 编写指令,实现无符号数 1223H 和 34H 相乘。

分析:1223H 和 34H 相乘的执行过程如图 2.9 所示。

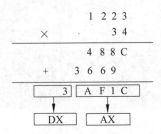

图 2.9   1223H 和 34H 相乘的执行过程

指令序列:

```
MOV BX,1223H                    ;将 1223H 传送至 BX
MOV AX,34H                      ;将 34H 传送至 AX
MUL BX                          ;AX 和 BX 相乘,结果传送至 DX:AX
```

上机执行过程如下。

第一步:用 A 命令汇编指令。

```
-A
073F:0100 MOV AX,0034
073F:0103 MOV BX,1223
073F:0106 MUL BX
073F:0108
```

第二步:指令执行前,用 R 命令观察 AX、BX 和 DX 中的内容为 AX＝0000H、BX＝0000H、DX＝0000H(这样指令执行前后寄存器中的内容可以对比)。

```
-R
AX=0000  BX=0000  CX=0000  DX=0000  SP=00FD  BP=0000  SI=0000  DI=0000
DS=073F  ES=073F  SS=073F  CS=073F  IP=0100   NV UP EI PL NZ NA PO NC
073F:0100 B83400        MOV       AX,0034
```

第三步:用 T 命令执行前两条指令后,AX＝0034H,BX＝1223H。

```
-T=0100

AX=0034  BX=0000  CX=0000  DX=0000  SP=00FD  BP=0000  SI=0000  DI=0000
DS=073F  ES=073F  SS=073F  CS=073F  IP=0103   NV UP EI PL NZ NA PO NC
073F:0103 BB2312        MOV     BX,1223
-T

AX=0034  BX=1223  CX=0000  DX=0000  SP=00FD  BP=0000  SI=0000  DI=0000
DS=073F  ES=073F  SS=073F  CS=073F  IP=0106   NV UP EI PL NZ NA PO NC
073F:0106 F7E3          MUL     BX
```

用 T 命令执行最后一条指令后，结果存放至 DX：AX＝0003AF1CH。

```
-R DX
DX 0000
:3333
-R
AX=0034  BX=1223  CX=0000  DX=3333  SP=00FD  BP=0000  SI=0000  DI=0000
DS=073F  ES=073F  SS=073F  CS=073F  IP=0106   NV UP EI PL NZ NA PO NC
073F:0106 F7E3          MUL     BX
-T=0106

AX=AF1C  BX=1223  CX=0000  DX=0003  SP=00FD  BP=0000  SI=0000  DI=0000
DS=073F  ES=073F  SS=073F  CS=073F  IP=0108   OV UP EI PL NZ NA PO CY
073F:0108 0000          ADD     [BX+SI],AL                    DS:1223=00
```

实验二 6.5

【任务6.5】　设 BX＝1200H，BX 指向的字单元中的内容为 1021H，编写
指令，实现有符号数 2002H 和 BX 指向的字单元中的内容相乘。

指令序列：

```
MOV AX,2002H                 ;将 2002H 传送至 AX
MOV BX,1200H                 ;将 1200H 传送至 BX
MOV WORD PTR [BX],1021H      ;将 1021H 传送至 BX 指向的字单元
IMUL WORD PTR [BX] ;将 AX 和 BX 指向的字单元中的内容相乘,结果传送至 DX: AX
```

上机执行过程如下。

第一步：用 A 命令汇编指令。

```
-A
073F:0100 MOV AX,2002
073F:0103 MOV BX,1200
073F:0106 MOV WORD PTR [BX],1021
073F:010A IMUL WORD PTR [BX]
073F:010C
```

第二步：指令执行前，用 R 命令观察 AX、BX 和 DX 中的内容为 AX＝
0000H、BX＝0000H 和 DX＝0000H（这样指令执行前后寄存器中的内容可以
对比）。

```
-R
AX=0000  BX=0000  CX=0000  DX=0000  SP=00FD  BP=0000  SI=0000  DI=0000
DS=073F  ES=073F  SS=073F  CS=073F  IP=0100   NV UP EI PL NZ NA PO NC
073F:0100 B80220        MOV     AX,2002
```

指令执行前,用 D 命令观察数据段 1200H 指向的字单元中的内容为 0000H(这样指令执行前后数据段中的内容可以对比)。

```
-D DS:1200 120F
073F:1200  00 00 00 00 00 00 00 00-00 00 00 00 00 00 00 00   ................
```

第三步:用 T 命令执行前三条指令后,AX=2002H,BX=1200H,BX 指向的字单元中的内容为 1021H。

```
-T
AX=2002  BX=0000  CX=0000  DX=0000  SP=00FD  BP=0000  SI=0000  DI=0000
DS=073F  ES=073F  SS=073F  CS=073F  IP=0103   NV UP EI PL NZ NA PO NC
073F:0103 BB0012        MOV     BX,1200
-T
AX=2002  BX=1200  CX=0000  DX=0000  SP=00FD  BP=0000  SI=0000  DI=0000
DS=073F  ES=073F  SS=073F  CS=073F  IP=0106   NV UP EI PL NZ NA PO NC
073F:0106 C7072110      MOV     WORD PTR [BX],1021              DS:1200=1021
-T
AX=2002  BX=1200  CX=0000  DX=0000  SP=00FD  BP=0000  SI=0000  DI=0000
DS=073F  ES=073F  SS=073F  CS=073F  IP=010A   NV UP EI PL NZ NA PO NC
073F:010A F72F          IMUL    WORD PTR [BX]                  DS:1200=1021
```

```
-D DS:1200 120F
073F:1200  21 10 00 00 00 00 00 00-00 00 00 00 00 00 00 00   !...............
```

用 T 命令执行最后一条指令后,结果存放至 DX:AX=02044042H。

```
-T
AX=4042  BX=1200  CX=0000  DX=0204  SP=00FD  BP=0000  SI=0000  DI=0000
DS=073F  ES=073F  SS=073F  CS=073F  IP=010C   OV UP EI PL NZ NA PO CY
073F:010C 0000          ADD     [BX+SI],AL                    DS:1200=21
```

➤ **知识拓展**

1. 编写指令,实现无符号数 65H 和 82H 相乘。

2. 编写指令,实现有符号数 89H 和 0AH 相乘。

3. 设 2001H 指向的字单元中的内容为 9012H,编写指令,实现有符号数 3021H 和 2001H 指向的字单元中的内容相乘。

4. 编写指令,实现无符号数 56H、23H 和 87H 相乘。

任务7 除法指令

除法指令包括两条指令，分别为无符号数除法指令 DIV 和有符号数除法指令 IDIV，其作用是实现字节数据和字数据的相除操作。

➤ 任务目标

1. 牢记 DIV 和 IDIV 指令的格式。

2. 根据数据类型选择 DIV 和 IDIV 指令。

3. 正确使用 DIV 和 IDIV 指令解决实际问题。

4. 树立统筹安排、节约时间、提高效率的理念，养成良好的逻辑思维和脚踏实地的作风。

➤ 任务实施

DIV 和 IDIV 指令可实现字节或字数据的除法运算。

📖 字节操作

实验二 7.1

【任务7.1】 编写指令，实现无符号数 67H 除以 02H。

指令序列：

```
MOV AX,67H                    ;将 67H 传送至 AX
MOV CL,02H                    ;将 02H 传送至 CL
DIV CL                        ;AX 除以 CL,商传送至 AL,余数传送至 AH
```

上机执行过程如下。

第一步：用 A 命令汇编指令。

```
-A
073F:0100 MOV AX,67
073F:0103 MOV CL,02
073F:0105 DIV CL
073F:0107
```

第二步：指令执行前，用 R 命令观察 AX 和 CL 中的内容为 AX＝0000H、CL＝00H（这样指令执行前后寄存器中的内容可以对比）。

```
-R
AX=0000  BX=0000  CX=0000  DX=0000  SP=00FD  BP=0000  SI=0000  DI=0000
DS=073F  ES=073F  SS=073F  CS=073F  IP=0100   NV UP EI PL NZ NA PO NC
073F:0100 B86700        MOV     AX,0067
```

第三步：用 T 命令执行前两条指令后，AX＝0067H，CL＝02H。

```
-T=0100

AX=0067  BX=0000  CX=0000  DX=0000  SP=00FD  BP=0000  SI=0000  DI=0000
DS=073F  ES=073F  SS=073F  CS=073F  IP=0103   NV UP EI PL NZ NA PO NC
073F:0103 B102          MOV     CL,02
-T

AX=0067  BX=0000  CX=0002  DX=0000  SP=00FD  BP=0000  SI=0000  DI=0000
DS=073F  ES=073F  SS=073F  CS=073F  IP=0105   NV UP EI PL NZ NA PO NC
073F:0105 F6F1          DIV     CL
```

用 T 命令执行最后一条指令后，商传送至 AL，AL＝33H，余数传送至 AH，AH＝01H。

```
-T

AX=0133  BX=0000  CX=0002  DX=0000  SP=00FD  BP=0000  SI=0000  DI=0000
DS=073F  ES=073F  SS=073F  CS=073F  IP=0107   NV UP EI PL NZ NA PO NC
073F:0107 0000          ADD     [BX+SI],AL                    DS:0000=CD
```

【任务 7.2】 编写指令，实现有符号数－9 除以 2。

实验二 7.2

指令序列：

```
MOV AX,-9              ;将-9 传送至 AX
MOV CH,2              ;将 2 传送至 CH
IDIV CH              ;AX 除以 CH,商传送至 AL,余数传送至 AH
```

上机执行过程如下。

第一步：用 A 命令汇编指令。

```
-A
073F:0100 MOV AX,-9
073F:0103 MOV CH,2
073F:0105 IDIV CH
073F:0107
```

第二步：指令执行前，用 R 命令观察 AX 和 CH 中的内容为 AX＝0000H、CH＝00H（这样指令执行前后寄存器中的内容可以对比）。

```
-R
AX=0000  BX=0000  CX=0000  DX=0000  SP=00FD  BP=0000  SI=0000  DI=0000
DS=073F  ES=073F  SS=073F  CS=073F  IP=0100   NV UP EI PL NZ NA PO NC
073F:0100 B8F7FF        MOV     AX,FFF7
-
```

第三步：用 T 命令执行第 1 条指令后，AX＝FFF7H。

[－9]原码＝1000 0000 0000 1001B

[－9]反码＝1111 1111 1111 0110B

[－9]补码＝1111 1111 1111 0111B＝FFF7H

```
AX=FFF7  BX=0000  CX=0000  DX=0000  SP=00FD  BP=0000  SI=0000  DI=0000
DS=073F  ES=073F  SS=073F  CS=073F  IP=0103   NV UP EI PL NZ NA PO NC
073F:0103 B502         MOV     CH,02
```

用 T 命令执行第 2 条指令后，CH＝02H。

```
-T
AX=FFF7  BX=0000  CX=0200  DX=0000  SP=00FD  BP=0000  SI=0000  DI=0000
DS=073F  ES=073F  SS=073F  CS=073F  IP=0105   NV UP EI PL NZ NA PO NC
073F:0105 F6FD         IDIV    CH
```

用 T 命令执行第 3 条指令后，商传送至 AL，AL＝FCH，余数传送至 AH，AH＝FFH。

```
-T
AX=FFFC  BX=0000  CX=0200  DX=0000  SP=00FD  BP=0000  SI=0000  DI=0000
DS=073F  ES=073F  SS=073F  CS=073F  IP=0107   NV UP EI PL NZ NA PO NC
073F:0107 0000         ADD     [BX+SI],AL                     DS:0000=CD
```

－9 除以 2 的执行过程如图 2.10 所示。

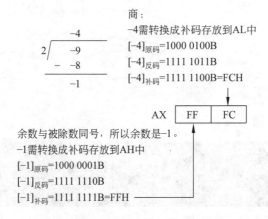

图 2.10　－9 除以 2 的执行过程

实验二 7.3

【任务 7.3】　编写指令，实现有符号数 86H 除以 13H。

指令序列：

```
MOV AX,FF86H                        ;将 FF86H 传送至 AX
MOV BL,13H                          ;将 13H 传送至 BL
IDIV BL                             ;AX 除以 BL,商传送至 AL,余数传送至 AH
```

上机执行过程如下。

第一步:用 A 命令汇编指令。

```
-A
073F:0100 MOV AX,FF86
073F:0103 MOV BL,13
073F:0105 IDIV BL
073F:0107
```

第二步:指令执行前,用 R 命令观察 AX 和 BL 中的内容为 AX=0000H、BL=00H(这样指令执行前后寄存器中的内容可以对比)。

```
-R
AX=0000  BX=0000  CX=0000  DX=0000  SP=00FD  BP=0000  SI=0000  DI=0000
DS=073F  ES=073F  SS=073F  CS=073F  IP=0100     NV UP EI PL NZ NA PO NC
073F:0100 B886FF          MOV     AX,FF86
```

第三步:用 T 命令执行前两条指令后,AX=FF86H;因为 86H 和 13H 为有符号数,86H 转换为二进制数是 1000 0110B,最高位为 1,代表 86H 为负数的补码,所以 AH 中应存放符号位 1,则 AH=FFH;13H 转换为二进制数为 0001 0011B,最高位为 0,代表 13H 为正数;

```
-T=0100

AX=FF86  BX=0000  CX=0000  DX=0000  SP=00FD  BP=0000  SI=0000  DI=0000
DS=073F  ES=073F  SS=073F  CS=073F  IP=0103     NV UP EI PL NZ NA PO NC
073F:0103 B313            MOV     BL,13
-T

AX=FF86  BX=0013  CX=0000  DX=0000  SP=00FD  BP=0000  SI=0000  DI=0000
DS=073F  ES=073F  SS=073F  CS=073F  IP=0105     NV UP EI PL NZ NA PO NC
073F:0105 F6FB            IDIV    BL
```

用 T 命令执行第 3 条指令后,商传送至 AL,AL=FAH,余数传送至 AH,AH=F8H。

```
-T

AX=F8FA  BX=0013  CX=0000  DX=0000  SP=00FD  BP=0000  SI=0000  DI=0000
DS=073F  ES=073F  SS=073F  CS=073F  IP=0107     NV UP EI PL NZ NA PO NC
073F:0107 0000            ADD     [BX+SI],AL                    DS:0013=03
```

86H 除以 13H 的执行过程如图 2.11 所示。

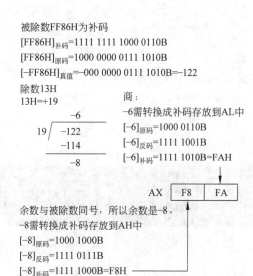

被除数FF86H为补码

[FF86H]$_{补码}$=1111 1111 1000 0110B

[FF86H]$_{原码}$=1000 0000 0111 1010B

[-FF86H]$_{真值}$=-000 0000 0111 1010B=-122

除数13H

13H=+19

商：

-6需转换成补码存放到AL中

[-6]$_{原码}$=1000 0110B

[-6]$_{反码}$=1111 1001B

[-6]$_{补码}$=1111 1010B=FAH

余数与被除数同号，所以余数是-8。

-8需转换成补码存放到AH中

[-8]$_{原码}$=1000 1000B

[-8]$_{反码}$=1111 0111B

[-8]$_{补码}$=1111 1000B=F8H

图2.11   86H除以13H的执行过程

实验二 7.4

📖 字操作

【**任务7.4**】 编写指令，实现无符号数8912H除以1002H。

分析：除数1002H为16位，被除数必须为32位，则8912H转换为0000 8912H，存放至DX：AX中。

指令序列：

```
MOV DX,0000H          ;将0000H传送至DX
MOV AX,8912H          ;将8912H传送至AX
MOV CX,1002H          ;将1002H传送至CX
DIV CX                ;DX：AX除以CX，商传送至AX，余数传送至DX
```

上机执行过程如下。

第一步：用A命令汇编指令。

```
-A
073F:0100 MOV DX,0000
073F:0103 MOV AX,8912
073F:0106 MOV CX,1002
073F:0109 DIV CX
073F:010B
```

第二步：指令执行前，用R命令观察DX、AX和CX中的内容为DX=0000H、AX=0000H、CX=0000H（这样指令执行前后寄存器中的内容可以对比）。

```
-R
AX=0000  BX=0000  CX=0000  DX=0000  SP=00FD  BP=0000  SI=0000  DI=0000
DS=073F  ES=073F  SS=073F  CS=073F  IP=0100   NV UP EI PL NZ NA PO NC
073F:0100 BA0000        MOV    DX,0000
```

指令执行前,DX 中的内容均为 0000H,可通过 R 命令修改 DX 中的内容

为 1234H。

```
-R DX
DX 0000
:1234
-R
AX=0000  BX=0000  CX=0000  DX=1234  SP=00FD  BP=0000  SI=0000  DI=0000
DS=073F  ES=073F  SS=073F  CS=073F  IP=0100   NV UP EI PL NZ NA PO NC
073F:0100 BA0000        MOV    DX,0000
```

第三步:用 T 命令执行前三条指令后,DX=0000H,AX=8912H,CX=

1002H。

```
-T=0100

AX=0000  BX=0000  CX=0000  DX=0000  SP=00FD  BP=0000  SI=0000  DI=0000
DS=073F  ES=073F  SS=073F  CS=073F  IP=0103   NV UP EI PL NZ NA PO NC
073F:0103 B81289        MOV    AX,8912
-T

AX=8912  BX=0000  CX=0000  DX=0000  SP=00FD  BP=0000  SI=0000  DI=0000
DS=073F  ES=073F  SS=073F  CS=073F  IP=0106   NV UP EI PL NZ NA PO NC
073F:0106 B90210        MOV    CX,1002
-T

AX=8912  BX=0000  CX=1002  DX=0000  SP=00FD  BP=0000  SI=0000  DI=0000
DS=073F  ES=073F  SS=073F  CS=073F  IP=0109   NV UP EI PL NZ NA PO NC
073F:0109 F7F1          DIV    CX
```

用 T 命令执行最后一条指令后,商传送至 AX,AX=0008H,余数传送至

DX,DX=0902H。

```
-T

AX=0008  BX=0000  CX=1002  DX=0902  SP=00FD  BP=0000  SI=0000  DI=0000
DS=073F  ES=073F  SS=073F  CS=073F  IP=010B   NV UP EI PL NZ NA PO NC
073F:010B 0000          ADD    [BX+SI],AL                    DS:0000=CD
```

8912H 除以 1002H 的执行过程如图 2.12 所示。

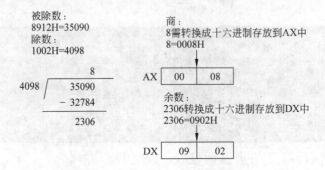

图 2.12　8912H 除以 1002H 的执行过程

【任务 7.5】 编写指令,实现有符号数 A3002H 除以 2010H。

分析:除数 2010H 为 16 位,被除数必须为 32 位,则 A3002H 扩展为
FFFA 3002H,存放至 DX：AX 中。

指令序列:

```
MOV DX,FFFAH          ;将 FFFAH 传送至 DX
MOV AX,3002H          ;将 3002H 传送至 AX
MOV BX,2010H          ;将 2010H 传送至 BX
IDIV BX               ;DX：AX 除以 BX,商传送至 AX,余数传送至 DX
```

上机执行过程如下。

第一步:用 A 命令汇编指令。

```
-A
073F:0100 MOV DX,FFFA
073F:0103 MOV AX,3002
073F:0106 MOV BX,2010
073F:0109 IDIV BX
073F:010B
```

第二步:指令执行前,用 R 命令观察 DX、AX 和 BX 中的内容为 DX＝
0000H、AX＝0000H、BX＝0000H(这样指令执行前后寄存器中的内容可以
对比)。

```
-R
AX=0000  BX=0000  CX=0000  DX=0000  SP=00FD  BP=0000  SI=0000  DI=0000
DS=073F  ES=073F  SS=073F  CS=073F  IP=0100   NV UP EI PL NZ NA PO NC
073F:0100 BAFAFF          MOV     DX,FFFA
```

第三步:用 T 命令执行前两条指令后,DX＝FFFAH,AX＝3002H;因为
A3002H 和 2010H 为有符号数,A3002H 最高位为 1,代表 A3002H 为负数的
补码,所以 DX 中的高 12 位应存放符号位 1,DX＝FFFAH;2010H 最高位为
0,代表 2010H 为正数。

```
-T=0100

AX=0000  BX=0000  CX=0000  DX=FFFA  SP=00FD  BP=0000  SI=0000  DI=0000
DS=073F  ES=073F  SS=073F  CS=073F  IP=0103   NV UP EI PL NZ NA PO NC
073F:0103 B80230          MOV     AX,3002
-T

AX=3002  BX=0000  CX=0000  DX=FFFA  SP=00FD  BP=0000  SI=0000  DI=0000
DS=073F  ES=073F  SS=073F  CS=073F  IP=0106   NV UP EI PL NZ NA PO NC
073F:0106 BB1020          MOV     BX,2010
```

用 T 命令执行第 3 条指令后,BX＝2010H。

用 T 命令执行最后一条指令后,商传送至 AX,AX＝FFD2H,余数传送至 DX,DX＝F2E2H。

A3002H 除以 2010H 的执行过程如图 2.13 所示。

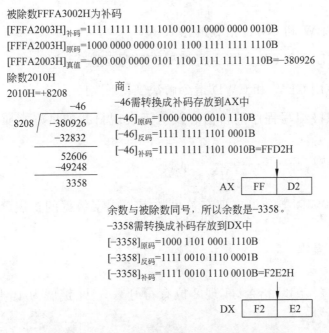

被除数FFFA3002H为补码

[FFFA2003H]_{补码}=1111 1111 1111 1010 0011 0000 0000 0010B

[FFFA2003H]_{原码}=1000 0000 0000 0101 1100 1111 1111 1110B

[FFFA2003H]_{真值}=-000 000 0000 0101 1100 1111 1111 1110B=-380926

除数2010H

2010H=+8208

商:

-46需转换成补码存放到AX中

[-46]_{原码}=1000 0000 0010 1110B

[-46]_{反码}=1111 1111 1101 0001B

[-46]_{补码}=1111 1111 1101 0010B=FFD2H

余数与被除数同号,所以余数是-3358。

-3358需转换成补码存放到DX中

[-3358]_{原码}=1000 1101 0001 1110B

[-3358]_{反码}=1111 0010 1110 0001B

[-3358]_{补码}=1111 0010 1110 0010B=F2E2H

图 2.13 A3002H 除以 2010H 的执行过程

➢ **知识拓展**

1. 编写指令,实现无符号数 55H 除以 02。

2. 编写指令,实现有符号数 98H 除以 1020H 相乘。

3. 设 2001H 指向的字节单元中的内容为 80H,编写指令,实现有符号数 1230H 除以 2001H 指向的字节单元中的内容。

4. 编写指令,实现无符号数 34H＋23H×87H。

任务8　类型转换指令

除法指令中,被除数会涉及符号扩展的问题,这类问题可以通过类型转换指令实现。类型转换指令有两条,主要针对有符号数,分别为 CBW(字节转换为字)和 CWD(字转换为双字)。

➤ 任务目标

1. 牢记 CBW 和 CWD 指令的格式。

2. 牢记 CBW 和 CWD 指令只针对有符号数进行扩展。

3. 正确使用 CBW 和 CWD 指令解决实际问题。

4. 培养积极编写程序的自信心及勇于表现自我的良好素质。

➤ 任务实施

CBW 和 CWD 指令可实现有符号数字节或字数据的扩展。

📖 字节操作

实验二 8.1

【任务8.1】　编写指令,实现 8 位有符号数 32H 扩展为 16 位。

指令序列:

```
MOV AL,32H          ;将 32H 传送至 AL
CBW                 ;将 AL 中的符号位 0 扩展至 AH
```

上机执行过程如下。

第一步:用 A 命令汇编指令。

```
-A
073F:0100 MOV AL,32
073F:0102 CBW
073F:0103
```

第二步:指令执行前,用 R 命令观察 AH 和 AL 中的内容为 AH＝00H、AL＝00H(这样指令执行前后寄存器中的内容可以对比)。

```
-R
AX=0000  BX=0000  CX=0000  DX=0000  SP=00FD  BP=0000  SI=0000  DI=0000
DS=073F  ES=073F  SS=073F  CS=073F  IP=0100    NV UP EI PL NZ NA PO NC
073F:0100 B032        MOV     AL,32
```

```
-R AX
AX 0000
:1234
-R
AX=1234  BX=0000  CX=0000  DX=0000  SP=00FD  BP=0000  SI=0000  DI=0000
DS=073F  ES=073F  SS=073F  CS=073F  IP=0100    NV UP EI PL NZ NA PO NC
073F:0100 B032        MOV     AL,32
```

第三步：用 T 命令执行第 1 条指令后，AL＝32H。

```
-T=0100

AX=1232  BX=0000  CX=0000  DX=0000  SP=00FD  BP=0000  SI=0000  DI=0000
DS=073F  ES=073F  SS=073F  CS=073F  IP=0102    NV UP EI PL NZ NA PO NC
073F:0102 98          CBW
```

用 T 命令执行第 2 条指令后，AX＝0032H。

```
-T=0102

AX=0032  BX=0000  CX=0000  DX=0000  SP=00FD  BP=0000  SI=0000  DI=0000
DS=073F  ES=073F  SS=073F  CS=073F  IP=0103    NV UP EI PL NZ NA PO NC
073F:0103 B80230      MOV     AX,3002
```

【任务 8.2】　编写指令，实现 8 位有符号数 A2H 扩展为 16 位。

实验二 8.2

指令序列：

MOV AL,A2H　　　　　　　;将 A2H 传送至 AL
CBW　　　　　　　　　　　;将 AL 中的符号位 1 扩展至 AH

上机执行过程如下。

第一步：用 A 命令汇编指令。

```
-A
073F:0100 MOV AL,A2
073F:0102 CBW
073F:0103
```

第二步：指令执行前，用 R 命令观察 AH 和 AL 中的内容为 AH＝00H、

AL＝00H（这样指令执行前后寄存器中的内容可以对比）。

```
-R
AX=0000  BX=0000  CX=0000  DX=0000  SP=00FD  BP=0000  SI=0000  DI=0000
DS=073F  ES=073F  SS=073F  CS=073F  IP=0100    NV UP EI PL NZ NA PO NC
073F:0100 B0A2        MOV     AL,A2
```

第三步：用 T 命令执行第 1 条指令后，AL＝A2H。

```
-T=0100

AX=00A2  BX=0000  CX=0000  DX=0000  SP=00FD  BP=0000  SI=0000  DI=0000
DS=073F  ES=073F  SS=073F  CS=073F  IP=0102    NV UP EI PL NZ NA PO NC
073F:0102 98          CBW
```

用 T 命令执行第 2 条指令后，AX＝FFA2H。

```
-T

AX=FFA2  BX=0000  CX=0000  DX=0000  SP=00FD  BP=0000  SI=0000  DI=0000
DS=073F  ES=073F  SS=073F  CS=073F  IP=0103     NV UP EI PL NZ NA PO NC
073F:0103 BB0230        MOV    AX,3002
```

实验二 8.3

📖 字操作

【任务 8.3】　编写指令，实现 16 位有符号数 1203H 扩展为 32 位。

指令序列：

```
MOV AX,1203H            ;将 1203H 传送至 AX
CWD                     ;将 AX 中的符号位 0 扩展至 DX
```

上机执行过程如下。

第一步：用 A 命令汇编指令。

```
-A
073F:0100 MOV AX,1203
073F:0103 CWD
073F:0104
-
```

第二步：指令执行前，用 R 命令观察 AX 和 DX 中的内容为 AX＝0000H、

DX＝0000H（这样指令执行前后寄存器中的内容可以对比）。

```
-R
AX=0000  BX=0000  CX=0000  DX=0000  SP=00FD  BP=0000  SI=0000  DI=0000
DS=073F  ES=073F  SS=073F  CS=073F  IP=0100     NV UP EI PL NZ NA PO NC
073F:0100 B80312        MOV    AX,1203

-R DX
DX 0000
:1111
-R
AX=0000  BX=0000  CX=0000  DX=1111  SP=00FD  BP=0000  SI=0000  DI=0000
DS=073F  ES=073F  SS=073F  CS=073F  IP=0100     NV UP EI PL NZ NA PO NC
073F:0100 B80312        MOV    AX,1203
```

第三步：用 T 命令执行第 1 条指令后，AX＝1203H。

```
-T=0100

AX=1203  BX=0000  CX=0000  DX=1111  SP=00FD  BP=0000  SI=0000  DI=0000
DS=073F  ES=073F  SS=073F  CS=073F  IP=0103     NV UP EI PL NZ NA PO NC
073F:0103 99           CWD
```

用 T 命令执行第 2 条指令后，DX＝0000H。

```
-T

AX=1203  BX=0000  CX=0000  DX=0000  SP=00FD  BP=0000  SI=0000  DI=0000
DS=073F  ES=073F  SS=073F  CS=073F  IP=0104     NV UP EI PL NZ NA PO NC
073F:0104 0230         ADD    DH,[BX+SI]                    DS:0000=CD
```

【**任务 8.4**】 编写指令,实现 16 位有符号数 9056H 扩展为 32 位。

指令序列:

实验二 8.4

```
MOV AX,9056H          ;将 9056H 传送至 AX
CWD                   ;将 AX 中的符号位 1 扩展至 DX
```

上机执行过程如下。

第一步:用 A 命令汇编指令。

```
-A
073F:0100 MOV AX,9056
073F:0103 CWD
073F:0104
```

第二步:指令执行前,用 R 命令观察 AX 和 DX 中的内容为 AX=0000H、DX=0000H(这样指令执行前后寄存器中的内容可以对比)。

```
-R
AX=0000  BX=0000  CX=0000  DX=0000  SP=00FD  BP=0000  SI=0000  DI=0000
DS=073F  ES=073F  SS=073F  CS=073F  IP=0100     NV UP EI PL NZ NA PO NC
073F:0100 B85690         MOV      AX,9056
```

第三步:用 T 命令执行第 1 条指令后,AX=9056H。

```
-T=0100
AX=9056  BX=0000  CX=0000  DX=0000  SP=00FD  BP=0000  SI=0000  DI=0000
DS=073F  ES=073F  SS=073F  CS=073F  IP=0103     NV UP EI PL NZ NA PO NC
073F:0103 99             CWD
```

用 T 命令执行第 2 条指令后,DX=FFFFH。

```
-T
AX=9056  BX=0000  CX=0000  DX=FFFF  SP=00FD  BP=0000  SI=0000  DI=0000
DS=073F  ES=073F  SS=073F  CS=073F  IP=0104     NV UP EI PL NZ NA PO NC
073F:0104 0230           ADD      DH,[BX+SI]             DS:0000=CD
```

【**任务 8.5**】 编写指令,实现有符号数 90H+56H×12H。

分析:56H×12H 的结果为字类型,90H 需要扩展成字类型,90H 的符号位为 1,扩展后的结果为 FF90H,最终结果为字类型。

实验二 8.5

指令序列:

```
MOV AL,56H          ;将 56H 传送至 AL
MOV CL,12H          ;将 12H 传送至 CL
IMUL CL             ;AL×CL=56H×12H=060CH,AX=060CH
MOV BX,AX           ;将 AX 中的内容传送至 BX
MOV AL,90H          ;将 90H 传送至 AL
```

```
CBW                         ;AH 中的扩展符号位为 1,AX=FF90H
ADD BX,AX                   ;AX 和 BX 求和,结果传送至 BX
```

上机执行过程如下。

第一步：用 A 命令汇编指令。

```
-A
073F:0100 MOV AL,56
073F:0102 MOV CL,12
073F:0104 IMUL CL
073F:0106 MOV BX,AX
073F:0108 MOV AL,90
073F:010A CBW
073F:010B ADD BX,AX
073F:010D
```

第二步：指令执行前，用 R 命令观察 AL、CL、AX 和 BX 中的内容为 AL=00H、CL=00H、AX=0000H、BX=0000H（这样指令执行前后寄存器中的内容可以对比）。

```
-R
AX=0000  BX=0000  CX=0000  DX=0000  SP=00FD  BP=0000  SI=0000  DI=0000
DS=073F  ES=073F  SS=073F  CS=073F  IP=0100   NV UP EI PL NZ NA PO NC
073F:0100 B056          MOV     AL,56
```

第三步：用 T 命令执行前两条指令后，AL=56H，CL=12H。

```
-T

AX=0056  BX=0000  CX=0000  DX=0000  SP=00FD  BP=0000  SI=0000  DI=0000
DS=073F  ES=073F  SS=073F  CS=073F  IP=0102   NV UP EI PL NZ NA PO NC
073F:0102 B112          MOV     CL,12
-T

AX=0056  BX=0000  CX=0012  DX=0000  SP=00FD  BP=0000  SI=0000  DI=0000
DS=073F  ES=073F  SS=073F  CS=073F  IP=0104   NV UP EI PL NZ NA PO NC
073F:0104 F6E9          IMUL    CL
```

用 T 命令执行第 3 条指令后，AX=060CH。

```
-T

AX=060C  BX=0000  CX=0012  DX=0000  SP=00FD  BP=0000  SI=0000  DI=0000
DS=073F  ES=073F  SS=073F  CS=073F  IP=0106   OV UP EI PL NZ NA PO CY
073F:0106 89C3          MOV     BX,AX
```

用 T 命令执行第 4 条指令后，BX=060CH。

```
-T

AX=060C  BX=060C  CX=0012  DX=0000  SP=00FD  BP=0000  SI=0000  DI=0000
DS=073F  ES=073F  SS=073F  CS=073F  IP=0108   OV UP EI PL NZ NA PO CY
073F:0108 B090          MOV     AL,90
```

用 T 命令执行第 5 条指令后，AL=90H。

```
-T

AX=0690  BX=060C  CX=0012  DX=0000  SP=00FD  BP=0000  SI=0000  DI=0000
DS=073F  ES=073F  SS=073F  CS=073F  IP=010A   OV UP EI PL NZ NA PO CY
073F:010A 98          CBW
```

用 T 命令执行第 6 条指令后, AX＝FF90H。

```
-T

AX=FF90  BX=060C  CX=0012  DX=0000  SP=00FD  BP=0000  SI=0000  DI=0000
DS=073F  ES=073F  SS=073F  CS=073F  IP=010B   OV UP EI PL NZ NA PO CY
073F:010B 01C3          ADD   BX,AX
```

用 T 命令执行第 7 条指令后, BX＝059CH。

```
-T

AX=FF90  BX=059C  CX=0012  DX=0000  SP=00FD  BP=0000  SI=0000  DI=0000
DS=073F  ES=073F  SS=073F  CS=073F  IP=010D   NV UP EI PL NZ NA PE CY
073F:010D 0000          ADD   [BX+SI],AL                    DS:059C=00
```

➢ 知识拓展

1. 编写指令, 实现有符号数 46H 扩展为字数据。

2. 编写指令, 实现有符号数 98H 扩展为字数据。

3. 编写指令, 实现有符号数 1098H 扩展为双字数据。

4. 编写指令, 实现有符号数 A012H 扩展为双字数据。

5. 编写指令, 实现有符号数 26H＋83H/09H。

任务 9　压缩型 BCD 码十进制调整指令

压缩型 BCD 码可以用 4 位二进制表示 1 位十进制。压缩型 BCD 码调整指令包括 DAA(加法十进制调整指令)和 DAS(减法十进制调整指令)。

➢ 任务目标

1. 牢记 DAA 和 DAS 指令的格式。

2. 根据实际问题选择 DAA 和 DAS 指令。

3. 正确使用 DAA 和 DAS 指令解决实际问题。

➤ **任务实施**

DAA 和 DAS 指令可实现压缩型 BCD 码相加和相减运算。

实验二 9.1

【任务9.1】 编写指令,实现压缩型 BCD 码 59 和 38 求和。

分析：压缩型 BCD 码 59 和 38 求和的执行过程如图 2.14 所示。

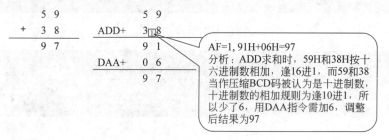

压缩型BCD码相加，逢10进1

```
      5 9              5 9
    + 3 8     ADD+    3□8
      9 7              9 1
            DAA+      0 6
                      9 7
```

AF=1, 91H+06H=97
分析：ADD求和时，59H和38H按十六进制数相加，逢16进1，而59和38当作压缩BCD码被认为是十进制数，十进制数的相加规则为逢10进1，所以少了6，用DAA指令需加6，调整后结果为97

图 2.14 压缩型 BCD 码 59 和 38 求和的执行过程

指令序列：

```
MOV AL,59H        ;AL=59H,表示压缩型 BCD 码为 59
ADD AL,38H        ; 38H,表示压缩型 BCD 码为 38,AL=59H+38H=91H
DAA               ;AL=97,实现压缩型 BCD 码相加：59+38=97
```

上机执行过程如下。

第一步：用 A 命令汇编指令。

```
-A
073F:0100 MOV AL,59
073F:0102 ADD AL,38
073F:0104 DAA
073F:0105
```

第二步：指令执行前,用 R 命令观察 AL 中的内容为 AL=00H（这样指令执行前后寄存器中的内容可以对比）。

```
-R
AX=0000  BX=0000  CX=0000  DX=0000  SP=00FD  BP=0000  SI=0000  DI=0000
DS=073F  ES=073F  SS=073F  CS=073F  IP=0100     NV UP EI PL NZ NA PO NC
073F:0100 B059          MOV     AL,59
```

第三步：用 T 命令执行第 1 条指令后,AL=59H。

```
-T=0100

AX=0059  BX=0000  CX=0000  DX=0000  SP=00FD  BP=0000  SI=0000  DI=0000
DS=073F  ES=073F  SS=073F  CS=073F  IP=0102     NV UP EI PL NZ NA PO NC
073F:0102 0438          ADD     AL,38
```

用 T 命令执行第 2 条指令后,AL=91H。

```
-T
AX=0091  BX=0000  CX=0000  DX=0000  SP=00FD  BP=0000  SI=0000  DI=0000
DS=073F  ES=073F  SS=073F  CS=073F  IP=0104   OV UP EI NG NZ AC PO NC
073F:0104 27              DAA
```

用 T 命令执行第 3 条指令后,AL=97H。

```
-T
AX=0097  BX=0000  CX=0000  DX=0000  SP=00FD  BP=0000  SI=0000  DI=0000
DS=073F  ES=073F  SS=073F  CS=073F  IP=0105   OV UP EI NG NZ AC PO NC
073F:0105 0000            ADD    [BX+SI],AL                    DS:0000=CD
```

【任务 9.2】 编写指令,实现压缩型 BCD 码 55 和 37 相减。

分析:压缩型 BCD 码 55 和 37 相减的执行过程如图 2.15 所示。

实验二 9.2

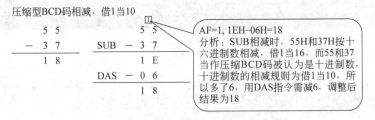

图 2.15 压缩型 BCD 码 55 和 37 相减的执行过程

指令序列:

```
MOV AL,55H      ;AL=55H,表示压缩型 BCD 码为 55
SUB AL,37H      ;37H,表示压缩型 BCD 码为 37,AL=55H-37H=1EH
DAS             ;AL=18,实现压缩型 BCD 码相减:55-37=18
```

上机执行过程如下。

第一步:用 A 命令汇编指令。

```
-A
073F:0100 MOV AL,55
073F:0102 SUB AL,37
073F:0104 DAS
073F:0105
```

第二步:指令执行前,用 R 命令观察 AL 中的内容为 AL=00H(这样指令

执行前后寄存器中的内容可以对比)。

```
-R
AX=0000  BX=0000  CX=0000  DX=0000  SP=00FD  BP=0000  SI=0000  DI=0000
DS=073F  ES=073F  SS=073F  CS=073F  IP=0100   NV UP EI PL NZ NA PO NC
073F:0100 B055            MOV    AL,55
```

第三步：用 T 命令执行第 1 条指令后，AL=55H。

```
-T=0100

AX=0055  BX=0000  CX=0000  DX=0000  SP=00FD  BP=0000  SI=0000  DI=0000
DS=073F  ES=073F  SS=073F  CS=073F  IP=0102   NV UP EI PL NZ NA PO NC
073F:0102 2C37          SUB     AL,37
```

用 T 命令执行第 2 条指令后，AL=1EH。

```
-T

AX=001E  BX=0000  CX=0000  DX=0000  SP=00FD  BP=0000  SI=0000  DI=0000
DS=073F  ES=073F  SS=073F  CS=073F  IP=0104   NV UP EI PL NZ AC PE NC
073F:0104 2F            DAS
```

用 T 命令执行第 3 条指令后，AL=18H。

```
-T

AX=0018  BX=0000  CX=0000  DX=0000  SP=00FD  BP=0000  SI=0000  DI=0000
DS=073F  ES=073F  SS=073F  CS=073F  IP=0105   NV UP EI PL NZ AC PE NC
073F:0105 0000          ADD     [BX+SI],AL             DS:0000=CD
```

➤ 知识拓展

1. 编写指令，实现压缩型 BCD 码 56 和 89 求和。

2. 编写指令，实现压缩型 BCD 码 78 和 36 求和。

3. 编写指令，实现压缩型 BCD 码 35 和 09 相减。

任务 10　非压缩型 BCD 码十进制调整指令

非压缩型 BCD 码可以用 8 位二进制表示 1 位十进制。非压缩型 BCD 码的调整指令包括 AAA（加法十进制调整指令）、AAS（减法十进制调整指令）、AAM（乘法十进制调整指令）和 AAD（除法十进制调整指令）。

➤ 任务目标

1. 牢记 AAA、AAS、AAM 和 AAD 指令的格式。

2. 根据实际问题选择 AAA、AAS、AAM 和 AAD 指令。

3. 正确使用 AAA、AAS、AAM 和 AAD 指令解决实际问题。

➢ **任务实施**

AAA、AAS、AAM 和 AAD 指令可实现非压缩型 BCD 码相加、相减、相乘和相除运算。

【**任务 10.1**】 编写指令，实现非压缩型 BCD 码 59 和 8 相加。

分析：非压缩型 BCD 码 59 和 8 相加的执行过程如图 2.16 所示。

实验二 10.1

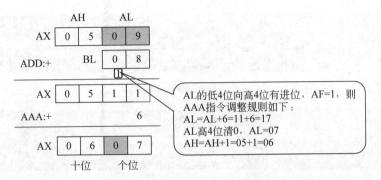

图 2.16 非压缩型 BCD 码 59 和 8 相加的执行过程

指令序列：

```
MOV AX,0509H      ;AX=0509H,表示非压缩型 BCD 码为 59
MOV BL,08H        ;BL=08H,表示非压缩型 BCD 码为 8
ADD AL,BL         ;AL=09H+08H=11H
AAA               ;AX=0607H
```

上机执行过程如下。

第一步：用 A 命令汇编指令。

```
-A
073F:0100 MOV AX,0509
073F:0103 MOV BL,08
073F:0105 ADD AL,BL
073F:0107 AAA
073F:0108
```

第二步：指令执行前，用 R 命令观察 AX 和 BL 中的内容为 AX=0000H、BL=00H（这样指令执行前后寄存器中的内容可以对比）。

第三步：用 T 命令执前两条指令后，AX＝0509H，BL＝08H。

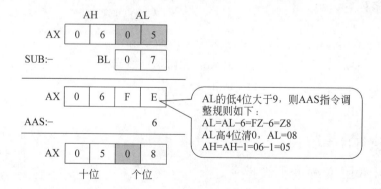

```
-T=0100

AX=0509  BX=0000  CX=0000  DX=0000  SP=00FD  BP=0000  SI=0000  DI=0000
DS=073F  ES=073F  SS=073F  CS=073F  IP=0103  NV UP EI PL NZ NA PO NC
073F:0103 B308           MOV      BL,08
-T

AX=0509  BX=0008  CX=0000  DX=0000  SP=00FD  BP=0000  SI=0000  DI=0000
DS=073F  ES=073F  SS=073F  CS=073F  IP=0105  NV UP EI PL NZ NA PO NC
073F:0105 00D8           ADD      AL,BL
```

用 T 命令执行第 3 条指令后，AL＝11H。

```
-T

AX=0511  BX=0008  CX=0000  DX=0000  SP=00FD  BP=0000  SI=0000  DI=0000
DS=073F  ES=073F  SS=073F  CS=073F  IP=0107  NV UP EI PL NZ AC PE NC
073F:0107 37             AAA
```

用 T 命令执行第 4 条指令后，AX＝0607H。

```
-T

AX=0607  BX=0008  CX=0000  DX=0000  SP=00FD  BP=0000  SI=0000  DI=0000
DS=073F  ES=073F  SS=073F  CS=073F  IP=0108  NV UP EI PL NZ AC PE CY
073F:0108 0000           ADD      [BX+SI],AL                    DS:0008=AD
```

实验二 10.2

【任务 10.2】　编写指令，实现非压缩型 BCD 码 65 和 7 相减。

分析：非压缩型 BCD 码 65 和 7 相减的执行过程如图 2.17 所示。

图 2.17　非压缩型 BCD 码 65 和 7 相减的执行过程

指令序列：

```
MOV AX,0605H      ;AX=0605H,表示非压缩型 BCD 码为 65
MOV BL,07H        ;BL=07H,表示非压缩型 BCD 码为 7
SUB AL,BL         ;AL=05H-07H=FEH
AAS               ;AX=0508H
```

上机执行过程如下。

第一步：用 A 命令汇编指令。

```
-A
073F:0100 MOV AX,0605
073F:0103 MOV BL,07
073F:0105 SUB AL,BL
073F:0107 AAS
073F:0108
```

第二步：指令执行前，用 R 命令观察 AX 和 BL 中的内容为 AX＝0000H、

BL＝00H（这样指令执行前后寄存器中的内容可以对比）。

```
-R
AX=0000  BX=0000  CX=0000  DX=0000  SP=00FD  BP=0000  SI=0000  DI=0000
DS=073F  ES=073F  SS=073F  CS=073F  IP=0100   NV UP EI PL NZ NA PO NC
073F:0100 B80506        MOV       AX,0605
```

第三步：用 T 命令执行前两条指令后，AX＝0605H，BL＝07H。

```
-T=0100

AX=0605  BX=0000  CX=0000  DX=0000  SP=00FD  BP=0000  SI=0000  DI=0000
DS=073F  ES=073F  SS=073F  CS=073F  IP=0103   NV UP EI PL NZ NA PO NC
073F:0103 B307          MOV       BL,07
-T

AX=0605  BX=0007  CX=0000  DX=0000  SP=00FD  BP=0000  SI=0000  DI=0000
DS=073F  ES=073F  SS=073F  CS=073F  IP=0105   NV UP EI PL NZ NA PO NC
073F:0105 28D8          SUB       AL,BL
```

用 T 命令执行第 3 条指令后，AL＝FEH。

```
-T

AX=06FE  BX=0007  CX=0000  DX=0000  SP=00FD  BP=0000  SI=0000  DI=0000
DS=073F  ES=073F  SS=073F  CS=073F  IP=0107   NV UP EI NG NZ AC PO CY
073F:0107 3F            AAS
```

用 T 命令执行第 4 条指令后，AX＝0508H。

```
-T

AX=0508  BX=0007  CX=0000  DX=0000  SP=00FD  BP=0000  SI=0000  DI=0000
DS=073F  ES=073F  SS=073F  CS=073F  IP=0108   NV UP EI NG NZ AC PO CY
073F:0108 0000          ADD       [BX+SI],AL              DS:0007=FF
```

【**任务 10.3**】 编写指令，实现非压缩型 BCD 码 7 和 8 相乘。

指令序列：

```
MOV AL,07H    ;AL=07H
MOV BL,08H    ;BL=08H
MUL BL        ;AL×BL=07H×08H=0038H,AX=0038H
AAM           ;38H/0AH=56/10—>商(AH=5),余数(AL=6),AX=0506H
```

上机执行过程如下。

实验二 10.3

第一步：用 A 命令汇编指令。

```
-A
073F:0100 MOV AL,07
073F:0102 MOV BL,08
073F:0104 MUL BL
073F:0106 AAM
073F:0108
```

第二步：指令执行前，用 R 命令观察 AL 和 BL 中的内容为 AL＝00H、BL＝00H（这样指令执行前后寄存器中的内容可以对比）。

```
-R
AX=0000  BX=0000  CX=0000  DX=0000  SP=00FD  BP=0000  SI=0000  DI=0000
DS=073F  ES=073F  SS=073F  CS=073F  IP=0100   NV UP EI PL NZ NA PO NC
073F:0100 B007            MOV    AL,07
```

第三步：用 T 命令执行前两条指令后，AL＝07H，BL＝08H。

```
-T=0100
AX=0007  BX=0000  CX=0000  DX=0000  SP=00FD  BP=0000  SI=0000  DI=0000
DS=073F  ES=073F  SS=073F  CS=073F  IP=0102   NV UP EI PL NZ NA PO NC
073F:0102 B308            MOV    BL,08
-T

AX=0007  BX=0008  CX=0000  DX=0000  SP=00FD  BP=0000  SI=0000  DI=0000
DS=073F  ES=073F  SS=073F  CS=073F  IP=0104   NV UP EI PL NZ NA PO NC
073F:0104 F6E3            MUL    BL
```

用 T 命令执行第 3 条指令后，AL＝38H。

```
-T

AX=0038  BX=0008  CX=0000  DX=0000  SP=00FD  BP=0000  SI=0000  DI=0000
DS=073F  ES=073F  SS=073F  CS=073F  IP=0106   NV UP EI PL NZ NA PO NC
073F:0106 D40A            AAM
```

用 T 命令执行第 4 条指令后，AX＝0506H。

```
-T

AX=0506  BX=0008  CX=0000  DX=0000  SP=00FD  BP=0000  SI=0000  DI=0000
DS=073F  ES=073F  SS=073F  CS=073F  IP=0108   NV UP EI PL NZ NA PE NC
073F:0108 0000            ADD    [BX+SI],AL                 DS:0008=AD
```

实验二 10.4

【任务 10.4】　编写指令，实现非压缩型 BCD 码 54 除以 6。

指令序列：

```
MOV AX,0504H ;AX=0504H
MOV BL,06H   ;BL=06H
AAD          ;06H+05H* 0AH=36H,AL=36H,AH=0
DIV BL       ;0036H/06H=—>商(AL=9),余数(AH=0),AX=0009H
```

上机执行过程如下。

第一步：用 A 命令汇编指令。

```
-A
073F:0100 MOV AX,0504
073F:0103 MOV BL,06
073F:0105 AAD
073F:0107 DIV BL
073F:0109
```

第二步：指令执行前，用 R 命令观察 AL 和 BL 中的内容为 AX=0000H、

BL=00H(这样指令执行前后寄存器中的内容可以对比)。

```
-R
AX=0000  BX=0000  CX=0000  DX=0000  SP=00FD  BP=0000  SI=0000  DI=0000
DS=073F  ES=073F  SS=073F  CS=073F  IP=0100   NV UP EI PL NZ NA PO NC
073F:0100 B80405        MOV     AX,0504
```

第三步：用 T 命令执行前两条指令后，AX=0504H，BL=06H。

```
-T=0100

AX=0504  BX=0000  CX=0000  DX=0000  SP=00FD  BP=0000  SI=0000  DI=0000
DS=073F  ES=073F  SS=073F  CS=073F  IP=0103   NV UP EI PL NZ NA PO NC
073F:0103 B306        MOV     BL,06
-T

AX=0504  BX=0006  CX=0000  DX=0000  SP=00FD  BP=0000  SI=0000  DI=0000
DS=073F  ES=073F  SS=073F  CS=073F  IP=0105   NV UP EI PL NZ NA PO NC
073F:0105 D50A        AAD
```

用 T 命令执行第 3 条指令后，AX=0036H。

```
-T

AX=0036  BX=0006  CX=0000  DX=0000  SP=00FD  BP=0000  SI=0000  DI=0000
DS=073F  ES=073F  SS=073F  CS=073F  IP=0107   NV UP EI PL NZ NA PE NC
073F:0107 F6F3        DIV     BL
```

用 T 命令执行第 4 条指令后，AL=09H(商 1，AH=00H(余数))。

```
-T

AX=0009  BX=0006  CX=0000  DX=0000  SP=00FD  BP=0000  SI=0000  DI=0000
DS=073F  ES=073F  SS=073F  CS=073F  IP=0109   NV UP EI PL NZ NA PE NC
073F:0109 0000        ADD     [BX+SI],AL                DS:0006=FD
```

➤ **知识拓展**

1. 编写指令，实现非压缩型 BCD 码 67 和 9 求和。

2. 编写指令，实现非压缩型 BCD 码 45 和 19 相减。

3. 编写指令，实现非压缩型 BCD 码 7 和 5 相乘。

4. 编写指令，实现非压缩型 BCD 码 45 除以 3。

任务 11　逻辑类指令

逻辑运算指令可以对字节数据或字数据按位进行逻辑运算，包括 5 条指令，分别为 AND（逻辑与指令）、OR（逻辑或指令）、XOR（逻辑异或指令）、NOT（逻辑非指令）、TEST（逻辑测试指令）。

➤ 任务目标

1. 牢记 AND、OR、XOR、NOT 和 TEST 指令的格式。

2. 根据实际问题选择 AND、OR、XOR、NOT 和 TEST 指令。

3. 正确使用 AND、OR、XOR、NOT 和 TEST 指令解决实际问题。

4. 通过多种指令的融合编写复杂的程序段以解决有难度的问题，养成多读书、读好书的习惯。

➤ 任务实施

AND、OR、XOR、NOT 和 TEST 指令可实现字节或字数据的与、或、异或、非和测试运算。

实验二 11.1

📖 字节操作

【任务 11.1】　编写指令，将 AH 的低 4 位清 0。

分析：将任意 8 位立即数传送至 AH 的目的是观察 AH 的低 4 位清 0 后的变化。

指令序列：

```
MOV AH,11H   ;将 11H 传送至 AH
AND AH,F0H   ;将 AH 与 F0H 相与,结果传送至 AH
```

上机执行过程如下。

第一步：用 A 命令汇编指令。

```
-A
073F:0100 MOV AH,11
073F:0102 AND AH,F0
073F:0105
```

第二步：指令执行前,用 R 命令观察 AH 中的内容为 AH＝00H(这样指令执行前后寄存器中的内容可以对比)。

```
-R
AX=0000  BX=0000  CX=0000  DX=0000  SP=00FD  BP=0000  SI=0000  DI=0000
DS=073F  ES=073F  SS=073F  CS=073F  IP=0100    NV UP EI PL NZ NA PO NC
073F:0100 B411          MOV     AH,11
```

第三步：用 T 命令执行第 1 条指令后,AH＝11H。

```
-T
AX=1100  BX=0000  CX=0000  DX=0000  SP=00FD  BP=0000  SI=0000  DI=0000
DS=073F  ES=073F  SS=073F  CS=073F  IP=0102    NV UP EI PL NZ NA PO NC
073F:0102 80E4F0        AND     AH,F0
```

用 T 命令执行第 2 条指令后,AH＝10H,低 4 位清 0,高 4 位保持不变。

```
-T
AX=1000  BX=0000  CX=0000  DX=0000  SP=00FD  BP=0000  SI=0000  DI=0000
DS=073F  ES=073F  SS=073F  CS=073F  IP=0105    NV UP EI PL NZ NA PO NC
073F:0105 0000          ADD     [BX+SI],AL                     DS:0000=CD
```

【**任务 11.2**】 设 0002H 指向的字节单元中的内容为 FFH,编写指令,将 0002H 指向的字节单元中内容的第 1、2 和 7 位全部清 0。

分析：0002H 指向的字节单元中内容的第 1、2 和 7 位全部清 0 的执行过程如图 2.18 所示。

实验二 11.2

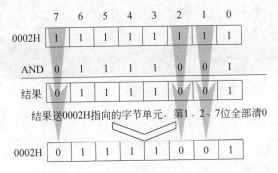

图 2.18　0002H 指向的字节单元中内容的第 1、2 和 7 位全部清 0 的执行过程

指令序列：

```
MOV BYTE PTR [0002],FFH     ;将 FFH 传送至 0002H 指向的字节单元
```

```
AND BYTE PTR [0002],79H        ;将 0002H 指向的字节单元中的内容与 79H 相与,
                               ;结果传送至 0002H 指向的字节单元,将第 1、2
                               ;和 7 位全部清 0
```

上机执行过程如下。

第一步：用 A 命令汇编指令。

```
-A
073F:0100 MOV BYTE PTR [0002],FF
073F:0105 AND BYTE PTR [0002],79
073F:010A
```

第二步：指令执行前,用 D 命令观察数据段 0002H 指向的字节单元中的内容为 3EH（这样指令执行前后数据段中的内容可以对比）。

```
-D DS:0000 000F
073F:0000  CD 20 3E A7 00 EA FD FF-AD DE 4F 03 A3 01 8A 03     . >......o....
```

第三步：用 T 命令执行第 1 条指令后,0002H 指向的字节单元中的内容为 FFH。

```
-T=0100

AX=0000  BX=0000  CX=0000  DX=0000  SP=00FD  BP=0000  SI=0000  DI=0000
DS=073F  ES=073F  SS=073F  CS=073F  IP=0105    NV UP EI PL NZ NA PO NC
073F:0105 8026020079        AND       BYTE PTR [0002],79           DS:0002=FF
-D DS:0000 000F
073F:0000  CD 20 FF A7 00 EA FD FF-AD DE 4F 03 A3 01 8A 03     ........o....
```

用 T 命令执行第 2 条指令后,0002H 指向的字节单元中的内容为 79H, 79H 转换为二进制是 0111 1001,实现第 1、2 和 7 位全部清 0。

```
-T=0105

AX=0000  BX=0000  CX=0000  DX=0000  SP=00FD  BP=0000  SI=0000  DI=0000
DS=073F  ES=073F  SS=073F  CS=073F  IP=010A    NV UP EI PL NZ NA PO NC
073F:010A 0000              ADD       [BX+SI],AL                   DS:0000=CD
-D DS:0000 000F
073F:0000  CD 20 79 A7 00 EA FD FF-AD DE 4F 03 A3 01 8A 03     . y......o....
```

【任务 11.3】 编写指令,将 CL 中的高 4 位全部置 1。

分析：将任意 8 位立即数传送至 CL 的目的是观察 CL 的高 4 位置 1 后的变化。

指令序列：

```
MOV CL,03H                    ;将 03H 传送至 CL
OR CL,F0H                     ;将 CL 与 F0H 相或,结果传送至 CL,CL 高 4 位置 1
```

上机执行过程如下。

实验二 11.3

第一步：用 A 命令汇编指令。

```
-A
073F:0100 MOV CL,03
073F:0102 OR CL,F0
073F:0105
```

第二步：指令执行前，用 R 命令观察 CL 中的内容为 CL=00H（这样指令执行前后寄存器中的内容可以对比）。

```
-R
AX=0000  BX=0000  CX=0000  DX=0000  SP=00FD  BP=0000  SI=0000  DI=0000
DS=073F  ES=073F  SS=073F  CS=073F  IP=0100    NV UP EI PL NZ NA PO NC
073F:0100 B103        MOV    CL,03
```

第三步：用 T 命令执行第 1 条指令后，CL=03H。

```
-T=0100
AX=0000  BX=0000  CX=0003  DX=0000  SP=00FD  BP=0000  SI=0000  DI=0000
DS=073F  ES=073F  SS=073F  CS=073F  IP=0102    NV UP EI PL NZ NA PO NC
073F:0102 80C9F0       OR     CL,F0
```

用 T 命令执行第 2 条指令后，CL=F3H，F3H 转换为二进制是 1111 0011B，高 4 位置 1。

```
-T
AX=0000  BX=0000  CX=00F3  DX=0000  SP=00FD  BP=0000  SI=0000  DI=0000
DS=073F  ES=073F  SS=073F  CS=073F  IP=0105    NV UP EI NG NZ NA PE NC
073F:0105 0000         ADD    [BX+SI],AL                      DS:0000=CD
```

【任务 11.4】　设 SI=0009H，SI 指向的字节单元中的内容为 00H，编写指令，将 SI 指向的字节单元中内容的第 1、3、4 和 6 位全部取反。

指令序列：

```
MOV SI,0009H          ;将 0009H 传送至 SI
MOV BYTE PTR [SI],00H ;将 00H 传送至 SI 指向的字节单元
XOR BYTE PTR [SI],5AH ;将 SI 指向的字节单元中的内容和 5A 相异或,结果传
                     ;送至 SI 指向的字节单元,将第 1、3、4 和 6 位全部
                     ;取反
```

实验二 11.4

上机执行过程如下。

第一步：用 A 命令汇编指令。

```
-A
073F:0100 MOV SI,0009
073F:0103 MOV BYTE PTR [SI],00
073F:0106 XOR BYTE PTR [SI],5A
073F:0109
```

第二步：指令执行前，用 R 命令观察 SI 中的内容为 SI=0000H（这样指令

执行前后寄存器中的内容可以对比）。

```
-R
AX=0000  BX=0000  CX=0000  DX=0000  SP=00FD  BP=0000  SI=0000  DI=0000
DS=073F  ES=073F  SS=073F  CS=073F  IP=0100      NV UP EI PL NZ NA PO NC
073F:0100 BE0900         MOV     SI,0009
```

指令执行前，用 D 命令观察数据段 SI 指向的字节单元中的内容为 DEH（这样指令执行前后数据段中的内容可以对比）。

```
-D DS:0000 000F
073F:0000  CD 20 3E A7 00 EA FD FF-AD DE 4F 03 A3 01 8A 03    . >.......O...
```

第三步：用 T 命令执行第 1 条指令后，SI＝0009H。

```
-T=0100

AX=0000  BX=0000  CX=0000  DX=0000  SP=00FD  BP=0000  SI=0009  DI=0000
DS=073F  ES=073F  SS=073F  CS=073F  IP=0103      NV UP EI PL NZ NA PO NC
073F:0103 C60400         MOV     BYTE PTR [SI],00                DS:0009=DE
```

用 T 命令执行第 2 条指令后，SI 指向的字节单元中的内容为 00H。

```
-T

AX=0000  BX=0000  CX=0000  DX=0000  SP=00FD  BP=0000  SI=0009  DI=0000
DS=073F  ES=073F  SS=073F  CS=073F  IP=0106      NV UP EI PL NZ NA PO NC
073F:0106 80345A         XOR     BYTE PTR [SI],5A                DS:0009=00
-D DS:0000 000F
073F:0000  CD 20 3E A7 00 EA FD FF-AD 00 4F 03 A3 01 8A 03    . >.......O...
```

用 T 命令执行第 3 条指令后，SI 指向的字节单元中的内容为 5AH，5AH转换为二进制是 0101 1010B，将 SI 指向的字节单元中内容的第 1、3、4 和 6 位全部取反。

```
-T=0106

AX=0000  BX=0000  CX=0000  DX=0000  SP=00FD  BP=0000  SI=0009  DI=0000
DS=073F  ES=073F  SS=073F  CS=073F  IP=0109      NV UP EI PL NZ NA PE NC
073F:0109 0000           ADD     [BX+SI],AL                     DS:0009=5A
-D DS:0000 000F
073F:0000  CD 20 3E A7 00 EA FD FF-AD 5A 4F 03 A3 01 8A 03    . >......Z0....
```

实验二 11.5

📖 字操作

【任务 11.5】　编写指令，将 AX 的低 8 位清 0。

分析：将任意 16 位立即数传送至 AX 的目的是观察 AX 的低 8 位清 0 后的变化。

指令序列：

```
MOV AX,11FFH                    ;将 11FFH 传送至 AX
```

AND AX,FF00H　　　　　　　　　;将 AX 与 FF00H 相与,结果传送至 AX

上机执行过程如下。

第一步:用 A 命令汇编指令。

```
-A
073F:0100 MOV AX,11FF
073F:0103 AND AX,FF00
073F:0106
```

第二步:指令执行前,用 R 命令观察 AX 中的内容为 AX=0000H(这样指令执行前后寄存器中的内容可以对比)。

```
-R
AX=0000  BX=0000  CX=0000  DX=0000  SP=00FD  BP=0000  SI=0000  DI=0000
DS=073F  ES=073F  SS=073F  CS=073F  IP=0100   NV UP EI PL NZ NA PO NC
073F:0100 B8FF11        MOV     AX,11FF
```

第三步:用 T 命令执行第 1 条指令后,AX=11FFH。

```
-T=0100

AX=11FF  BX=0000  CX=0000  DX=0000  SP=00FD  BP=0000  SI=0000  DI=0000
DS=073F  ES=073F  SS=073F  CS=073F  IP=0103   NV UP EI PL NZ NA PO NC
073F:0103 2500FF        AND     AX,FF00
```

用 T 命令执行第 2 条指令后,AX=1100H,低 8 位清 0,高 8 位保持不变。

```
-T

AX=1100  BX=0000  CX=0000  DX=0000  SP=00FD  BP=0000  SI=0000  DI=0000
DS=073F  ES=073F  SS=073F  CS=073F  IP=0106   NV UP EI PL NZ NA PE NC
073F:0106 80345A        XOR     BYTE PTR [SI],5A                    DS:0000=CD
```

【任务 11.6】　编写指令,将 DI 的第 3、7 和 12 位全部置 1。

指令序列:

实验二 11.6

MOV DI,0100H　　;将 0100H 传送至 DI
OR DI,1088H　　　;将 DI 与 1088H 相或,结果传送至 DI,将 DI 中的第 3、7 和 12
　　　　　　　　　;位全部置 1

上机执行过程如下。

第一步:用 A 命令汇编指令。

```
-A
073F:0100 MOV DI,0100
073F:0103 OR DI,1088
073F:0107
```

第二步:指令执行前,用 R 命令观察 DI 中的内容为 DI=0000H(这样指令执行前后寄存器中的内容可以对比)。

```
-R
AX=0000  BX=0000  CX=0000  DX=0000  SP=00FD  BP=0000  SI=0000  DI=0000
DS=073F  ES=073F  SS=073F  CS=073F  IP=0100   NV UP EI PL NZ NA PO NC
073F:0100 BF0001        MOV    DI,0100
```

第三步：用 T 命令执行第 1 条指令后，DI＝0100H。

```
-T=0100
AX=0000  BX=0000  CX=0000  DX=0000  SP=00FD  BP=0000  SI=0000  DI=0100
DS=073F  ES=073F  SS=073F  CS=073F  IP=0103   NV UP EI PL NZ NA PO NC
073F:0103 81CF8810      OR    DI,1088
```

用 T 命令执行第 2 条指令后，DI＝1188H，DI 中的第 3、7 和 12 位全部置 1。

```
-T
AX=0000  BX=0000  CX=0000  DX=0000  SP=00FD  BP=0000  SI=0000  DI=1188
DS=073F  ES=073F  SS=073F  CS=073F  IP=0107   NV UP EI PL NZ NA PE NC
073F:0107 345A          XOR   AL,5A
```

【任务 11.7】 设 DI＝0004H，BX＝0001H，DI 加 BX 指向的字单元中的内容为 FF88H，编写指令，将 DI 加 BX 指向的字单元中内容的高 8 位全部取反。

实验二 11.7

指令序列：

```
MOV DI,0004H        ;将 0004H 传送至 DI
MOV BX,0001H        ;将 0001H 传送至 BX
MOV WORD PTR [DI+BX],FF88H        ;将 FF88H 传送至 DI 加 BX 指向的字单元
MOV CX,FF00H        ;将 FF00H 传送至 CX
XOR [DI+BX],CX      ;将 DI 加 BX 指向的字单元中的内容与 CX 中的内容相异或，结
                    ;果传送至 DI 加 BX 指向的字单元中，将高 8 位全部取反
```

上机执行过程如下。

第一步：用 A 命令汇编指令。

```
-A
073F:0100 MOV DI,0004
073F:0103 MOV BX,0001
073F:0106 MOV WORD PTR [DI+BX],FF88
073F:010A MOV CX,FF00
073F:010D XOR [DI+BX],CX
073F:010F
```

第二步：指令执行前，用 R 命令观察 DI、BX 和 CX 中的内容为 DI＝0000H、BX＝0000H、CX＝0000H（这样指令执行前后寄存器中的内容可以对比）。

```
-R
AX=0000  BX=0000  CX=0000  DX=0000  SP=00FD  BP=0000  SI=0000  DI=0000
DS=073F  ES=073F  SS=073F  CS=073F  IP=0100   NV UP EI PL NZ NA PO NC
073F:0100 BF0400        MOV    DI,0004
```

指令执行前,用 D 命令观察数据段 0005H 指向的字单元中的内容为
FDEAH(这样指令执行前后数据段中的内容可以对比)。

```
-D DS:0000 000F
073F:0000  CD 20 3E A7 00 EA FD FF-AD 5A 4F 03 A3 01 8A 03    . >......ZO.....
```

第三步:用 T 命令执行前两条指令后,DI=0004H,BX=0001H。

```
-T=0100

AX=0000  BX=0000  CX=0000  DX=0000  SP=00FD  BP=0000  SI=0000  DI=0004
DS=073F  ES=073F  SS=073F  CS=073F  IP=0103   NV UP EI PL NZ NA PO NC
073F:0103 BB0100        MOV     BX,0001
-T

AX=0000  BX=0001  CX=0000  DX=0000  SP=00FD  BP=0000  SI=0000  DI=0004
DS=073F  ES=073F  SS=073F  CS=073F  IP=0106   NV UP EI PL NZ NA PO NC
073F:0106 C70188FF      MOV     WORD PTR [BX+DI],FF88           DS:0005=FF88
```

用 T 命令执行第 3 条指令后,DI 加 BX 指向的字单元中的内容
为 FF88H。

```
-T

AX=0000  BX=0001  CX=FF00  DX=0000  SP=00FD  BP=0000  SI=0000  DI=0004
DS=073F  ES=073F  SS=073F  CS=073F  IP=010D   NV UP EI PL NZ NA PO NC
073F:010D 3109          XOR     [BX+DI],CX                     DS:0005=FF88
-D DS:0000 000F
073F:0000  CD 20 3E A7 00 88 FF FF-AD DE 4F 03 A3 01 8A 03    . >......O.....
```

用 T 命令执行第 4 条指令后,CX=FF00H。

```
-T

AX=0000  BX=0001  CX=FF00  DX=0000  SP=00FD  BP=0000  SI=0000  DI=0004
DS=073F  ES=073F  SS=073F  CS=073F  IP=010F   NV UP EI PL NZ NA PE NC
073F:010F FE00          INC     BYTE PTR [BX+SI]               DS:0001=20
```

用 T 命令执行第 5 条指令后,DI 加 BX 指向的字单元中的内容为 0088H,
将高 8 位全部取反。

```
-T

AX=0000  BX=0001  CX=FF00  DX=0000  SP=00FD  BP=0000  SI=0000  DI=0004
DS=073F  ES=073F  SS=073F  CS=073F  IP=010F   NV UP EI PL NZ NA PE NC
073F:010F FE00          INC     BYTE PTR [BX+SI]               DS:0001=20
-D DS:0000 000F
073F:0000  CD 20 3E A7 00 88 00 FF-AD DE 4F 03 A3 01 8A 03    . >......O.....
```

➤ **知识拓展**

1. 编写指令,将 BL 的高 4 位清 0。

2. 设 0013H 指向的字节单元中的内容为 6BH,编写指令,将 0013H 指向

的字节单元中内容的第 1、3、5、6 位全部清 0。

3. 设 SI ＝ 0002H，BX ＝ 0003H，SI 加 BX 指向的字单元中的内容为 9810H，编写指令，将 SI 加 BX 指向的字单元中内容的第 1、2、7、14 位全部取反。

4. 编写指令，将 SI 中的第 3、4、7 位全部置 1。

任务 12　非循环移位指令

非循环移位指令包括 SHL（逻辑左移指令）、SHR（逻辑右移指令）、SAL（算术左移指令）和 SAR（算术右移指令），逻辑左移指令和逻辑右移指令针对无符号数，算术左移指令和算术右移指令针对有符号数。

➢ 任务目标

1. 牢记 SHL、SHR、SAL 和 SAR 指令的格式。

2. 根据实际问题选择 SHL、SHR、SAL 和 SAR 指令。

3. 正确使用 SHL、SHR、SAL 和 SAR 指令解决实际问题。

4. 培养实践精神及在实践基础上进一步提升思考、总结、反思的能力。

➢ 任务实施

SHL 和 SHR 指令可分别实现字节或字类型无符号数的左移和右移，SAL 和 SAR 指令可分别实现字节或字类型有符号数的左移和右移。

实验二 12.1

📖 字节操作

【任务 12.1】　编写指令，实现无符号数 06H 和 02H 相乘。

指令序列：

```
MOV DH,06H      ;将 06H 传送至 DH
SHL DH,1        ;将 DH 中的内容左移 1 位，相当于乘以 2，结果传送至 DH
```

上机执行过程如下。

第一步：用 A 命令汇编指令。

```
-A
073F:0100 MOV DH,06
073F:0102 SHL DH,1
073F:0104
-
```

第二步：指令执行前，用 R 命令观察 DH 中的内容为 DH＝00H（这样指令执行前后寄存器中的内容可以对比）。

```
-R
AX=0000  BX=0000  CX=0000  DX=0000  SP=00FD  BP=0000  SI=0000  DI=0000
DS=073F  ES=073F  SS=073F  CS=073F  IP=0100    NV UP EI PL NZ NA PO NC
073F:0100 B606          MOV    DH,06
-
```

第三步：用 T 命令执行第 1 条指令后，DH＝06H。

```
-T
AX=0000  BX=0000  CX=0000  DX=0600  SP=00FD  BP=0000  SI=0000  DI=0000
DS=073F  ES=073F  SS=073F  CS=073F  IP=0102    NV UP EI PL NZ NA PO NC
073F:0102 D0E6          SHL    DH,1
-
```

用 T 命令执行第 2 条指令后，DH＝0CH。

```
-T
AX=0000  BX=0000  CX=0000  DX=0C00  SP=00FD  BP=0000  SI=0000  DI=0000
DS=073F  ES=073F  SS=073F  CS=073F  IP=0104    NV UP EI PL NZ AC PE NC
073F:0104 0000          ADD    [BX+SI],AL                    DS:0000=CD
```

【任务 12.2】　编写指令，实现无符号数 89H 除以 4。

指令序列：

实验二 12.2

```
MOV BL,89H       ;将 89H 传送至 BL
MOV CL,2         ;将 2 传送至 CL,移动位数大于或等于 2 必须送 CL
SHR BL,CL        ;将 BL 中的内容右移 CL 指定的位数,结果传送至 BL
```

上机执行过程如下。

第一步：用 A 命令汇编指令。

```
-A
073F:0100 MOV BL,89
073F:0102 MOV CL,2
073F:0104 SHR BL,CL
073F:0106
```

第二步：指令执行前，用 R 命令观察 BL 和 CL 中的内容为 BL＝00H、CL＝00H（这样指令执行前后寄存器中的内容可以对比）。

```
-R
AX=0000  BX=0000  CX=0000  DX=0000  SP=00FD  BP=0000  SI=0000  DI=0000
DS=073F  ES=073F  SS=073F  CS=073F  IP=0100    NV UP EI PL NZ NA PO NC
073F:0100 B389          MOV     BL,89
```

第三步：用 T 命令执行前两条指令后，BL＝89H，CL＝02H。

```
-T=0100

AX=0000  BX=0089  CX=0000  DX=0000  SP=00FD  BP=0000  SI=0000  DI=0000
DS=073F  ES=073F  SS=073F  CS=073F  IP=0102    NV UP EI PL NZ NA PO NC
073F:0102 B102          MOV     CL,02
-T

AX=0000  BX=0089  CX=0002  DX=0000  SP=00FD  BP=0000  SI=0000  DI=0000
DS=073F  ES=073F  SS=073F  CS=073F  IP=0104    NV UP EI PL NZ NA PO NC
073F:0104 D2EB          SHR     BL,CL
```

用 T 命令执行第 3 条指令后，CL＝22H。

```
-T

AX=0000  BX=0022  CX=0002  DX=0000  SP=00FD  BP=0000  SI=0000  DI=0000
DS=073F  ES=073F  SS=073F  CS=073F  IP=0106    NV UP EI PL NZ AC PE NC
073F:0106 0000          ADD     [BX+SI],AL                    DS:0022=FF
```

实验 12.3

📖 **字操作**

【任务 12.3】　设 BX＝0003H，BX 指向的字单元中的内容为无符号数 1220H，编写指令，实现该无符号数和 8 相乘。

指令序列：

```
MOV BX,0003H                ;将 0003H 传送至 BX
MOV WORD PTR [BX],1220       ;将 1220 传送至 BX 指向的字单元
MOV CL,3                     ;将 3 传送至 CL,移动位数大于或等于 2 必须送 CL
SHL WORD PTR [BX],CL         ;将 BX 指向的字单元中的内容左移 3 位,结果传送
                            ;至 BX 指向的字单元
```

上机执行过程如下。

第一步：用 A 命令汇编指令。

```
-A
073F:0100 MOV BX,0003
073F:0103 MOV WORD PTR [BX],1220
073F:0107 MOV CL,3
073F:0109 SHL WORD PTR [BX],CL
073F:010B
```

第二步：指令执行前，用 R 命令观察 BX 和 CL 中的内容为 BX＝0000H、CL＝00H（这样指令执行前后寄存器中的内容可以对比）。

```
-R
AX=0000  BX=0000  CX=0000  DX=0000  SP=00FD  BP=0000  SI=0000  DI=0000
DS=073F  ES=073F  SS=073F  CS=073F  IP=0100   NV UP EI PL NZ NA PO NC
073F:0100 BB0300        MOV     BX,0003
```

指令执行前,用 D 命令观察数据段 BX 指向的字单元中的内容为 00A7H (这样指令执行前后数据段中的内容可以对比)。

```
-D DS:0000 000F
073F:0000  CD 20 3E A7 00 EA FD FF-AD DE 4F 03 A3 01 8A 03   . >......O.....
```

第三步:用 T 命令执行第 1 条指令后,BX＝0003H。

```
-T=0100

AX=0000  BX=0003  CX=0000  DX=0000  SP=00FD  BP=0000  SI=0000  DI=0000
DS=073F  ES=073F  SS=073F  CS=073F  IP=0103   NV UP EI PL NZ NA PO NC
073F:0103 C7072012      MOV     WORD PTR [BX],1220                DS:0003=00A7
```

用 T 命令执行第 2 条指令后,BX 指向的字单元中的内容为 1220H。

```
-T

AX=0000  BX=0003  CX=0000  DX=0000  SP=00FD  BP=0000  SI=0000  DI=0000
DS=073F  ES=073F  SS=073F  CS=073F  IP=0107   NV UP EI PL NZ NA PO NC
073F:0107 B103          MOV     CL,03

-D DS:0000 000F
073F:0000  CD 20 3E 20 12 EA FD FF-AD DE 4F 03 A3 01 8A 03   . > .....O.....
```

用 T 命令执行第 3 条指令后,CL＝03H。

```
-T

AX=0000  BX=0003  CX=0003  DX=0000  SP=00FD  BP=0000  SI=0000  DI=0000
DS=073F  ES=073F  SS=073F  CS=073F  IP=0109   NV UP EI PL NZ NA PO NC
073F:0109 D327          SHL     WORD PTR [BX],CL                  DS:0003=1220
```

用 T 命令执行第 4 条指令后,BX 指向的字单元中的内容为 9100H。

```
-T

AX=0000  BX=0003  CX=0003  DX=0000  SP=00FD  BP=0000  SI=0000  DI=0000
DS=073F  ES=073F  SS=073F  CS=073F  IP=010B   OV UP EI NG NZ AC PE NC
073F:010B 0000          ADD     [BX+SI],AL                       DS:0003=00

-D DS:0000 000F
073F:0000  CD 20 3E 00 91 EA FD FF-AD DE 4F 03 A3 01 8A 03   . >......O.....
```

【任务 12.4】　编写指令,实现将有符号数 1223H 和 4 相乘。

指令序列:

实验二 12.4

```
MOV BX,1223H    ;将 1223H 传送至 BX
MOV CL,2        ;将 2 传送至 CL,移动位数大于或等于 2 必须送 CL
SHL BX,CL       ;在 DEBUG.EXE 环境中,A 命令不支持 SAL 指令,SAL 指令用 SHL
```

;指令替代

上机执行过程如下。

第一步：用 A 命令汇编指令。

```
-A
073F:0100 MOV BX,1223
073F:0103 MOV CL,2
073F:0105 SHL BX,CL
073F:0107
```

第二步：指令执行前，用 R 命令观察 BX 和 CL 中的内容为 BX=0000H、CL=00H（这样指令执行前后寄存器中的内容可以对比）。

```
-R
AX=0000  BX=0000  CX=0000  DX=0000  SP=00FD  BP=0000  SI=0000  DI=0000
DS=073F  ES=073F  SS=073F  CS=073F  IP=0100     NV UP EI PL NZ NA PO NC
073F:0100 BB2312          MOV     BX,1223
```

第三步：用 T 命令执行前两条指令后，BX=1223H，CL=02H。

```
-T=0100

AX=0000  BX=1223  CX=0000  DX=0000  SP=00FD  BP=0000  SI=0000  DI=0000
DS=073F  ES=073F  SS=073F  CS=073F  IP=0103     NV UP EI PL NZ NA PO NC
073F:0103 B102            MOV     CL,02
-T
AX=0000  BX=1223  CX=0002  DX=0000  SP=00FD  BP=0000  SI=0000  DI=0000
DS=073F  ES=073F  SS=073F  CS=073F  IP=0105     NV UP EI PL NZ NA PO NC
073F:0105 D3E3            SHL     BX,CL
```

用 T 命令执行第 3 条指令后，BX=488CH。

```
-T
AX=0000  BX=488C  CX=0002  DX=0000  SP=00FD  BP=0000  SI=0000  DI=0000
DS=073F  ES=073F  SS=073F  CS=073F  IP=0107     NV UP EI PL NZ AC PO NC
073F:0107 B103            MOV     CL,03
```

➤ 知识拓展

1. 编写指令，将无符号数 12H 右移 3 位。

2. 设 0007H 指向的字节单元中的内容为有符号数 46H，编写指令，将 0007H 指向的字节单元中的内容左移 1 位。

3. 编写指令，将有符号数 8501H 右移 3 位。

4. 编写指令，将无符号数 6512H 左移 1 位。

任务 13　循环移位指令

循环移位指令包括 ROL（循环左移）、ROR（循环右移）、RCL（带进位的循环左移指令）和 RCR（带进位的循环右移指令）。

> ## 任务目标

1. 牢记 ROL、ROR、RCL 和 RCR 指令的格式。
2. 根据实际问题选择 ROL、ROR、RCL 和 RCR 指令。
3. 正确使用 ROL、ROR、RCL 和 RCR 指令解决实际问题。
4. 培养不畏艰难、敢于挑战困难的毅力、勇气和智慧。

> ## 任务实施

ROL 和 ROR 可实现字节或字类型数据不带进位的循环左移和右移，RCL 和 RCR 可实现字节或字类型数据带进位的循环左移和右移。

📖 字节操作

【任务 13.1】　编写指令，将 76H 转换为 67H。

实验二 13.1

指令序列：

```
MOV BL,76H        ;将 76H 传送至 BL
MOV CL,4          ;将 4 传送至 CL,移动位数大于或等于 2 必须送 CL
ROR BL,CL         ;将 BL 中的内容循环右移 CL 指定的位数,结果传送至 BL
```

上机执行过程如下。

第一步：用 A 命令汇编指令。

```
-A
073F:0100 MOV BL,76
073F:0102 MOV CL,4
073F:0104 ROL BL,CL
073F:0106
```

第二步：指令执行前，用 R 命令观察 BL 和 CL 中的内容为 BL＝00H、CL ＝00H（这样指令执行前后寄存器中的内容可以对比）。

```
-R
AX=0000  BX=0000  CX=0000  DX=0000  SP=00FD  BP=0000  SI=0000  DI=0000
DS=073F  ES=073F  SS=073F  CS=073F  IP=0100   NV UP EI PL NZ NA PO NC
073F:0100 B376          MOV     BL,76
```

第三步：用 T 命令执行前两条指令后，BL＝76H，CL＝04H。

```
-T
AX=0000  BX=0076  CX=0000  DX=0000  SP=00FD  BP=0000  SI=0000  DI=0000
DS=073F  ES=073F  SS=073F  CS=073F  IP=0102   NV UP EI PL NZ NA PO NC
073F:0102 B104          MOV     CL,04
-T
AX=0000  BX=0076  CX=0004  DX=0000  SP=00FD  BP=0000  SI=0000  DI=0000
DS=073F  ES=073F  SS=073F  CS=073F  IP=0104   NV UP EI PL NZ NA PO NC
073F:0104 D2C3          ROL     BL,CL
```

用 T 命令执行第 3 条指令后，BL＝67H。

```
-T
AX=0000  BX=0067  CX=0004  DX=0000  SP=00FD  BP=0000  SI=0000  DI=0000
DS=073F  ES=073F  SS=073F  CS=073F  IP=0106   OV UP EI PL NZ NA PO CY
073F:0106 0000          ADD     [BX+SI],AL                     DS:0067=20
```

实验二 13.2

【任务 13.2】 设 CF＝1，编写指令，将 56H 带进位循环左移 2 位。

分析：56H 带进位循环左移 2 位的执行过程如图 2.19 所示。

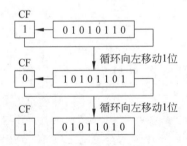

图 2.19　56H 带进位循环左移 2 位的执行过程

指令序列：

```
MOV AH,56H    ;将 56H 传送至 AH
MOV CL,2      ;将 2 传送至 CL,移动位数大于或等于 2 必须传送至 CL
STC           ;将 CF 设置为 1
RCL AH,CL     ;将 AH 中的内容带进位循环左移 CL 指定的位数,结果传送至 AH
```

上机执行过程如下。

第一步：用 A 命令汇编指令。

```
-A
073F:0100 MOV AH,56
073F:0102 MOV CL,4
073F:0104 STC
073F:0105 RCL AH,CL
073F:0107
```

第二步：指令执行前,用 R 命令观察 AH 和 CL 中的内容为 AH＝00H、CL＝00H(这样指令执行前后寄存器中的内容可以对比);CF 标位的值可为 0 或 1,NC 代表 CF＝0,CY 代表 CF＝1。

```
-R
AX=0000  BX=0000  CX=0000  DX=0000  SP=00FD  BP=0000  SI=0000  DI=0000
DS=073F  ES=073F  SS=073F  CS=073F  IP=0100      NV UP EI PL NZ NA PO NC
073F:0100 B456          MOV       AH,56
```

第三步：用 T 命令执行前两条指令后,AH＝56H,CL＝02H。

```
-T=0100

AX=5600  BX=0000  CX=0000  DX=0000  SP=00FD  BP=0000  SI=0000  DI=0000
DS=073F  ES=073F  SS=073F  CS=073F  IP=0102      NV UP EI PL NZ NA PO NC
073F:0102 B102          MOV       CL,02
-T

AX=5600  BX=0000  CX=0002  DX=0000  SP=00FD  BP=0000  SI=0000  DI=0000
DS=073F  ES=073F  SS=073F  CS=073F  IP=0104      NV UP EI PL NZ NA PO NC
073F:0104 F9            STC
```

用 T 命令执行第 3 条指令后,CF＝1。

```
-T

AX=5600  BX=0000  CX=0002  DX=0000  SP=00FD  BP=0000  SI=0000  DI=0000
DS=073F  ES=073F  SS=073F  CS=073F  IP=0105      NV UP EI PL NZ NA PO CY
073F:0105 D2D4          RCL       AH,CL
```

用 T 命令执行第 4 条指令后,AH＝5AH。

```
-T

AX=5A00  BX=0000  CX=0002  DX=0000  SP=00FD  BP=0000  SI=0000  DI=0000
DS=073F  ES=073F  SS=073F  CS=073F  IP=0107      OV UP EI PL NZ NA PO CY
073F:0107 0000          ADD       [BX+SI],AL                DS:0000=CD
```

📖 字操作

【任务 13.3】 编写指令,将 1234H 转换为 2340H。

分析：将 1234H 循环左移 4 位,然后将低 4 位清零。

指令序列：

```
MOV AX,1234H  ;将 1234H 传送至 AX
```

实验二 13.3

```
MOV CL,4        ;将 4 传送至 CL,移动位数大于或等于 2 必须传送至 CL
ROL AX,CL       ;将 AX 中的内容循环左移 CL 指定的位数,结果传送至 AX
AND AX,FFF0H    ;将 AX 和 FFF0H 相与,结果传送至 AX
```

上机执行过程如下。

第一步：用 A 命令汇编指令。

```
-A
073F:0100 MOV AX,1234
073F:0103 MOV CL,4
073F:0105 ROL AX,CL
073F:0107 AND AX,FFF0
073F:010A
```

第二步：指令执行前,用 R 命令观察 AX 和 CL 中的内容为 AX=0000H、CL=00H(这样指令执行前后寄存器中的内容可以对比)。

```
-R
AX=0000  BX=0000  CX=0000  DX=0000  SP=00FD  BP=0000  SI=0000  DI=0000
DS=073F  ES=073F  SS=073F  CS=073F  IP=0100     NV UP EI PL NZ NA PO NC
073F:0100 B83412        MOV     AX,1234
```

第三步：用 T 命令执行前两条指令后,AX=1234H,CL=04H。

```
-T=0100

AX=1234  BX=0000  CX=0000  DX=0000  SP=00FD  BP=0000  SI=0000  DI=0000
DS=073F  ES=073F  SS=073F  CS=073F  IP=0103     NV UP EI PL NZ NA PO NC
073F:0103 B104          MOV     CL,04
-T

AX=1234  BX=0000  CX=0004  DX=0000  SP=00FD  BP=0000  SI=0000  DI=0000
DS=073F  ES=073F  SS=073F  CS=073F  IP=0105     NV UP EI PL NZ NA PO NC
073F:0105 D3C0          ROL     AX,CL
```

用 T 命令执行第 3 条指令后,AX=2341H。

```
-T

AX=2341  BX=0000  CX=0004  DX=0000  SP=00FD  BP=0000  SI=0000  DI=0000
DS=073F  ES=073F  SS=073F  CS=073F  IP=0107     OV UP EI PL NZ NA PO CY
073F:0107 25F0FF        AND     AX,FFF0
```

用 T 命令执行第 4 条指令后,AX=2340H。

```
-T

AX=2340  BX=0000  CX=0004  DX=0000  SP=00FD  BP=0000  SI=0000  DI=0000
DS=073F  ES=073F  SS=073F  CS=073F  IP=010A     NV UP EI PL NZ NA PO NC
073F:010A 0000          ADD     [BX+SI],AL                      DS:0000=CD
```

【任务 13.4】 设 CF=0,1300H 指向的字单元中的内容为 5601H,编写指令,将 1300H 指向的字单元中的内容带进位循环右移 1 位。

指令序列：

实验二 13.4

```
MOV WORD PTR[1300H],5601H   ;将 5601 传送至 1300H 指向的字单元
```

```
CLC                              ；将 CF 设置为 0
RCR WORD PTR［1300H］,1            ；将 1300H 指向的字单元中的内容带进位循环右
                                 ；移 1 位,结果传送至 1300H 指向的字单元
```

上机执行过程如下。

第一步：用 A 命令汇编指令。

```
-A
073F:0100 MOV WORD PTR [1300],5601
073F:0106 CLC
073F:0107 RCR WORD PTR [1300],1
073F:010B
```

第二步：指令执行前,用 D 命令观察数据段 1300H 指向的字单元中的内容为 0000H(这样指令执行前后数据段中的内容可以对比)。

```
-D DS:1300 130F
073F:1300  00 00 00 00 00 00 00 00-00 00 00 00 00 00 00 00   ................
```

指令执行前,用 R 命令观察 CF 标志位的值为 0 或 1,NC 代表 CF=0,CY 代表 CF=1。

```
-R
AX=0000  BX=0000  CX=0000  DX=0000  SP=00FD  BP=0000  SI=0000  DI=0000
DS=073F  ES=073F  SS=073F  CS=073F  IP=0100   NV UP EI PL NZ NA PO NC
073F:0100 C70600130156  MOV     WORD PTR [1300],5601               DS:1300=0000

-RF
NV UP EI PL NZ NA PO NC  -CY
-R
AX=0000  BX=0000  CX=0000  DX=0000  SP=00FD  BP=0000  SI=0000  DI=0000
DS=073F  ES=073F  SS=073F  CS=073F  IP=0100   NV UP EI PL NZ NA PO CY
073F:0100 C70600130156  MOV     WORD PTR [1300],5601               DS:1300=0000
-
```

第三步：用 T 命令执行第 1 条指令后,1300H 指向的字单元中的内容为 5601H。

```
-T=0100

AX=0000  BX=0000  CX=0000  DX=0000  SP=00FD  BP=0000  SI=0000  DI=0000
DS=073F  ES=073F  SS=073F  CS=073F  IP=0106   NV UP EI PL NZ NA PO NC
073F:0106 F8            CLC
-D DS:1300 130F
073F:1300  01 56 00 00 00 00 00 00-00 00 00 00 00 00 00 00   .V..............
```

用 T 命令执行第 2 条指令后,CF=0。

```
-T
AX=0000  BX=0000  CX=0000  DX=0000  SP=00FD  BP=0000  SI=0000  DI=0000
DS=073F  ES=073F  SS=073F  CS=073F  IP=0107   NV UP EI PL NZ NA PO NC
073F:0107 D11E0013      RCR     WORD PTR [1300],1                  DS:1300=5601
```

用 T 命令执行第 3 条指令后,1300H 指向的字单元中的内容为 2B00。

```
-T

AX=0000  BX=0000  CX=0000  DX=0000  SP=00FD  BP=0000  SI=0000  DI=0000
DS=073F  ES=073F  SS=073F  CS=073F  IP=010B   NV UP EI PL NZ NA PO CY
073F:010B 0000          ADD     [BX+SI],AL                   DS:0000=CD
-D DS:1300  130F
073F:1300  00 2B 00 00 00 00 00 00-00 00 00 00 00 00 00 00   .+..............
```

> **知识拓展**

1. 编写指令,将 8FH 转换为 F8H。

2. 设 CF＝0,1200H 指向的字节单元中的内容为 34H,编写指令,将
1200H 指向的字节单元中的内容带进位循环左移 1 位。

3. 编写指令,将 1230H 转换为 2301H。

4. 设 CF＝1,编写指令,将 6712H 带进位循环右移 3 位。

任务 14　地址传送指令

地址传送指令的作用是将存储单元偏移地址传送至指定的寄存器。地址
传送指令有 3 条,分别为 LEA、LDA 和 LES。

> **任务目标**

1. 牢记 LEA、LDA 和 LES 指令的格式。

2. 根据实际问题选择 LEA、LDA 和 LES 指令。

3. 正确使用 LEA、LDA 和 LES 指令解决实际问题。

4. 培养严谨、一丝不苟的科学精神。

> **任务实施**

LEA、LDA 和 LES 指令可实现字类型数据的传送。

📖 **字操作**

实验二 14.1

【任务 14.1】　调试 LEA BX,[0002]指令,分析 BX 中的内容。

指令序列：

```
LEA BX,[0002H]                    ;将 0002H 传送至 BX
```

上机执行过程如下。

第一步：用 A 命令汇编指令。

```
-A
073F:0100 LEA BX,[0002]
073F:0104
```

第二步：指令执行前,用 R 命令观察 BX 中的内容为 BX＝0000H(这样指令执行前后寄存器中的内容可以对比)。

```
-R
AX=0000  BX=0000  CX=0000  DX=0000  SP=00FD  BP=0000  SI=0000  DI=0000
DS=073F  ES=073F  SS=073F  CS=073F  IP=0100    NV UP EI PL NZ NA PO NC
073F:0100 8D1E0200      LEA    BX,[0002]                      DS:0002=A73E
```

第三步：用 T 命令执行第 1 条指令后,BX＝0002H。

```
-T=0100

AX=0000  BX=0002  CX=0000  DX=0000  SP=00FD  BP=0000  SI=0000  DI=0000
DS=073F  ES=073F  SS=073F  CS=073F  IP=0104    NV UP EI PL NZ NA PO NC
073F:0104 0156F8        ADD    [BP-08],DX                     SS:FFF8=0000
```

【**任务 14.2**】　调试 LDS BX,[0003H]指令,分析 BX 和 DS 中的内容。

指令序列：

```
LDS BX,[0003H]   ;将 0003H 指向的字单元中的内容传送至 BX,0005H 指向的字
                 ;单元中的内容传送至 DS
```

实验二 14.2

上机执行过程如下。

第一步：用 A 命令汇编指令。

```
-A
073F:0100 LDS BX,[0003]
073F:0104
```

第二步：指令执行前,用 R 命令观察 BX 和 DS 中的内容为 BX＝0000H、DS＝073FH。

```
-R
AX=0000  BX=0000  CX=0000  DX=0000  SP=00FD  BP=0000  SI=0000  DI=0000
DS=073F  ES=073F  SS=073F  CS=073F  IP=0100    NV UP EI PL NZ NA PO NC
073F:0100 C51E0300      LDS    BX,[0003]                      DS:0003=00A7
```

指令执行前,用 D 命令观察数据段 0003H 指向的字单元中的内容为 00A7H,0005H 指向的字单元中的内容为 FDEAH。

```
-D DS:0000 000F
073F:0000  CD 20 3E A7 00 EA FD FF-AD DE 4F 03 A3 01 8A 03    .>.......O.....
-
```

第三步：用 T 命令执行该指令后，BX＝00A7H，DS＝FDEAH。

```
-T=0100

AX=0000  BX=00A7  CX=0000  DX=0000  SP=00FD  BP=0000  SI=0000  DI=0000
DS=FDEA  ES=073F  SS=073F  CS=073F  IP=0104    NV UP EI PL NZ NA PO NC
073F:0104 0156F8          ADD     [BP-08],DX                    SS:FFF8=0000
```

> **知识拓展**

1. 设 BX＝0004H，调试 MOV AX,[BX]和 LEA AX,[BX]指令，分析两条指令的区别。

2. 设 SI＝0003H，调试 LDS DI,[SI+01H]指令，分析 DI 和 DS 中的内容。

3. 设 DI＝0002H，BX＝0003H，调试 LES SI,[DI][BX]03H 指令，分析 SI 和 ES 中的内容。

任务 15　输入/输出指令

输入/输出指令有两条，分别为 IN 和 OUT 指令。当端口地址范围为 0～255(00H～FFH)时，可以采用直接寻址方式，也可采用间接寻址方式；当端口地址大于 255 时，必须采用间接寻址方式，并用 DX 寄存器给出端口地址。

> **任务目标**

1. 牢记 IN 和 OUT 指令的格式。

2. 根据实际问题选择 IN 和 OUT 指令。

3. 正确使用 IN 和 OUT 指令解决实际问题。

4. 培养脚踏实地、不浮不躁的作风。

➤ **任务实施**

IN 和 OUT 指令可实现字节和字数据在端口之间的传送。

实验二 15.1

📖 **字节操作**

【**任务 15.1**】 编写指令,CPU 将 86H 传送至 2FFH 端口。

指令序列:

```
MOV AL,86H          ;将 86H 传送至 AL
MOV DX,2FFH         ;将 2FFH 端口地址传送至 DX
OUT DX,AL           ;将 AL 传送至 DX 指向的 2FFH 端口
MOV AL,00H          ;将 00H 传送至 AL
IN  AL,DX           ;将 DX 指向的 2FFH 端口中的内容传送至 AL
```

上机执行过程如下。

第一步:用 A 命令汇编指令。

```
-A
073F:0100 MOV AL,86
073F:0102 MOV DX,2FF
073F:0105 OUT DX,AL
073F:0106 MOV AL,00
073F:0108 IN AL,DX
073F:0109
```

第二步:指令执行前,用 R 命令观察 AL 和 DX 中的内容为 AL=00H、
DX=0000H(这样指令执行前后寄存器中的内容可以对比)。

```
-R
AX=0000  BX=0000  CX=0000  DX=0000  SP=00FD  BP=0000  SI=0000  DI=0000
DS=073F  ES=073F  SS=073F  CS=073F  IP=0100  NV UP EI PL NZ NA PO NC
073F:0100 B086        MOV     AL,86
```

第三步:用 T 命令执行前两条指令后,AL=86H,DX=02FFH。

```
-T=0100

AX=0086  BX=0000  CX=0000  DX=0000  SP=00FD  BP=0000  SI=0000  DI=0000
DS=073F  ES=073F  SS=073F  CS=073F  IP=0102  NV UP EI PL NZ NA PO NC
073F:0102 BAFF02      MOV     DX,02FF
-T

AX=0086  BX=0000  CX=0000  DX=02FF  SP=00FD  BP=0000  SI=0000  DI=0000
DS=073F  ES=073F  SS=073F  CS=073F  IP=0105  NV UP EI PL NZ NA PO NC
073F:0105 EE          OUT     DX,AL
```

用 T 命令执行第 3 条指令后,将 AL 中的内容传送至 2FFH 端口。

```
-T

AX=0086  BX=0000  CX=0000  DX=02FF  SP=00FD  BP=0000  SI=0000  DI=0000
DS=073F  ES=073F  SS=073F  CS=073F  IP=0106    NV UP EI PL NZ NA PO NC
073F:0106 B000          MOV     AL,00
```

用 T 命令执行第 4 条指令后，AL=00H。

```
-T  ＼

AX=0000  BX=0000  CX=0000  DX=02FF  SP=00FD  BP=0000  SI=0000  DI=0000
DS=073F  ES=073F  SS=073F  CS=073F  IP=0108    NV UP EI PL NZ NA PO NC
073F:0108 EC            IN      AL,DX
```

用 T 命令执行第 5 条指令后，AL=86H。

```
-T

AX=0086  BX=0000  CX=0000  DX=02FF  SP=00FD  BP=0000  SI=0000  DI=0000
DS=073F  ES=073F  SS=073F  CS=073F  IP=0109    NV UP EI PL NZ NA PO NC
073F:0109 00ED          ADD     CH,CH
```

实验二 15.2

【任务 15.2】　编写指令，将 61H 端口中的内容传送至 0000H 指向的字节单元。

指令序列：

```
IN AL,61H          ;将 61H 端口中的内容传送至 AL
MOV [0000H],AL     ;将 AL 中的内容传送至 0000H 指向的字节单元
```

上机执行过程如下。

第一步：用 A 命令汇编指令。

```
-A
073F:0100 IN AL,61
073F:0102 MOV [0000],AL
073F:0105
```

第二步：指令执行前，用 R 命令观察 AL 中的内容为 AL=00H（这样指令执行前后寄存器中的内容可以对比）。

```
-R
AX=0000  BX=0000  CX=0000  DX=0000  SP=00FD  BP=0000  SI=0000  DI=0000
DS=073F  ES=073F  SS=073F  CS=073F  IP=0100    NV UP EI PL NZ NA PO NC
073F:0100 E461          IN      AL,61
```

指令执行前，用 D 命令观察数据段 0000H 指向的字单元中的内容为 CDH（这样指令执行前后数据段中的内容可以对比）。

```
-D DS:0000 000F
073F:0000 CD 20 3E A7 00 EA FD FF-AD DE 4F 03 A3 01 8A 03    . >......O.....
```

第三步：用 T 命令执行第 1 条指令后，AL=30H。

```
-T=0100

AX=0030  BX=0000  CX=0000  DX=0000  SP=00FD  BP=0000  SI=0000  DI=0000
DS=073F  ES=073F  SS=073F  CS=073F  IP=0102    NV UP EI PL NZ NA PO NC
073F:0102 A20000          MOV     [0000],AL                    DS:0000=CD
```

用 T 命令执行第 2 条指令后,0000H 指向的字单元中的内容为 30H。

```
-T

AX=0030  BX=0000  CX=0000  DX=0000  SP=00FD  BP=0000  SI=0000  DI=0000
DS=073F  ES=073F  SS=073F  CS=073F  IP=0105    NV UP EI PL NZ NA PO NC
073F:0105 0000            ADD     [BX+SI],AL                   DS:0000=30
-

-D DS:0000 000F
073F:0000  30 20 3E A7 00 EA FD FF-AD DE 4F 03 A3 01 8A 03   0 >......O....
```

📖 字操作

【任务 15.3】 编写指令,将 170H 端口中的内容传送至 BX。

指令序列:

```
MOV DX,170H    ;将 170H 传送至 DX
IN AX,DX       ;将 170H 端口中的内容传送至 AL,171H 端口中的内容传送至 AH
MOV BX,AX      ;将 AX 中的内容传送至 BX
```

上机执行过程如下。

第一步:用 A 命令汇编指令。

```
-A
073F:0100 MOV DX,170
073F:0103 IN AX,DX
073F:0104 MOV BX,AX
073F:0106
```

第二步:指令执行前,用 R 命令观察 AX、BX 和 DX 中的内容为 AX＝0000H、BX＝0000H、DX＝0000H(这样指令执行前后寄存器中的内容可以对比)。

```
-R
AX=0000  BX=0000  CX=0000  DX=0000  SP=00FD  BP=0000  SI=0000  DI=0000
DS=073F  ES=073F  SS=073F  CS=073F  IP=0100    NV UP EI PL NZ NA PO NC
073F:0100 BA7001          MOV     DX,0170
```

第三步:用 T 命令执行第 1 条指令后,DX＝0170H。

```
-T=0100

AX=0000  BX=0000  CX=0000  DX=0170  SP=00FD  BP=0000  SI=0000  DI=0000
DS=073F  ES=073F  SS=073F  CS=073F  IP=0103    NV UP EI PL NZ NA PO NC
073F:0103 ED              IN      AX,DX
```

实验二 15.3

用 T 命令执行第 2 条指令后，AX＝FFFFH，说明 170H 指向的字端口中的内容为 FFFFH。

用 T 命令执行第 3 条指令后，BX＝FFFFH。

➢ **知识拓展**

1. 编写指令，将 BL 中的内容传送至 356H 端口。

2. 编写指令，将 23H 端口中的内容传送至 AL。

3. 编写指令，将 8901H 传送至 278H 端口。

4. 设 0002H 指向的字单元中的内容为 9045H，将 0002H 指向的字单元中的内容传送至 278 端口。

实验三

结构程序设计

汇编语言程序和采用其他高级语言编写的程序的结构一样,主要有顺序结构、分支结构、循环结构、子程序结构和宏结构 5 种(上机实验环境和实验步骤见主教材第 11 章)。

任务 1　顺序和分支结构程序设计

顺序结构程序是最简单的一种程序结构,即写在前面的指令先执行,后面的指令后执行,适用于简单的应用场合。分支结构程序可根据条件进行选择。

➤ 任务目标

1. 牢记转移指令和比较指令的格式及用法。

2. 正确描述汇编语言宏观架构,建立初步的汇编思维。

3. 正确描述分支结构的执行过程,进一步加深对分支结构的理解。

4. 正确使用顺序和分支结构解决实际问题,养成良好的编程习惯,具备程序员的职业素养。

5. 对程序进行查错与排错,具备一定的程序调试能力和技巧。

6. 熟练保存和备份程序,树立保密意识,养成知保密、懂保密、善保密的良好习惯。

> **任务实施**

通过对主教材的学习，编写具有顺序结构和分支结构的程序以解决实际问题。

实验三 1.1

【任务 1.1】 有 3 个有符号数，分别为 10H、67H 和 02H，编写源程序计算 VAL＝67H/02H＋10H。

分析：在数据段中定义 3 个字节变量，依次存储为 10H、67H 和 02H。除数 02H 为字节类型，被除数 67H 须扩展为字类型，商为字节类型，最后结果为字节类型。

源程序 compute.asm 如下。

```
DATA SEGMENT
    A DB 10H, 67H, 02H
    VAL DB ?
DATA ENDS
CODE SEGMENT
ASSUME CS: CODE, DS: DATA
START:
    MOV AX, DATA
    MOV DS, AX
    MOV AL, A+1        ;AL=67H
    CBW               ;AX=0067H
    MOV BL, A+2        ;BL=02H
    IDIV BL           ;AX 除以 BL，商送 AL，余数送 AH
    MOV CH, A         ;CH=10H
    ADD AL, CH        ;AL=CH+AL
    MOV VAL, AL       ;将 AL 中的内容传送至 VAL 指向的字节单元
    MOV AH, 4CH
    INT 21H
CODE ENDS
    END START
```

上机执行过程如下。

第一步：在编辑工具（记事本、DEVC 或 EDIT 等）中输入源程序

compute.asm。

第二步：用汇编程序 MASM.EXE 汇编 compute.asm 源程序，严重错误个数为0表示汇编成功，否则需要修改源程序；继续执行第二步，直到严重错误个数为0。

```
C:\>MASM.EXE compute.asm
Microsoft (R) Macro Assembler Version 5.00
Copyright (C) Microsoft Corp 1981-1985, 1987.  All rights reserved.

Object filename [compute.OBJ]: 自动生成与源程序同名的目标文件
Source listing  [NUL.LST]: 直接按回车，.LST和.CRF文件没有生成
Cross-reference [NUL.CRF]:

  51670 + 464874 Bytes symbol space free

     0 Warning Errors  警告错误个数为0，警告错误可忽略，个数可不为0
     0 Severe  Errors  严重错误必须为0，否则不能自动生成目标文件
```

第三步：用链接程序 LINK.EXE 链接文件 compute.obj。

```
C:\>LINK.EXE compute.obj

Microsoft (R) Overlay Linker  Version 3.60
Copyright (C) Microsoft Corp 1983-1987.  All rights reserved.

Run File [COMPUTE.EXE]:自动生成与目标文件同名的可执行文件，大小写不区分
List File [NUL.MAP]: 直接按回车，.MAP文件没有生成
Libraries [.LIB]: 直接按回车，没有使用库文件
LINK : warning L4021: no stack segment
```

第四步：用调试程序 DEBUG.EXE 调试文件 compute.exe，使用反汇编命令 U 可以查看数据段段基址和一些无用指令。

```
C:\>DEBUG.EXE compute.exe
-U
076B:0000 B86A07      MOV     AX,076A    查看数据段段基址076AH
076B:0003 8ED8        MOV     DS,AX
076B:0005 A00100      MOV     AL,[0001]
076B:0008 98          CBW
076B:0009 8A1E0200    MOV     BL,[0002]
076B:000D F6FB        IDIV    BL
076B:000F 8A2E0000    MOV     CH,[0000]
076B:0013 02C5        ADD     AL,CH
076B:0015 A20300      MOV     [0003],AL
076B:0018 B44C        MOV     AH,4C      返回DOS操作系统
076B:001A CD21        INT     21
076B:001C 3DFFFF      CMP     AX,FFFF    不是源程序指令，忽略即可
076B:001F 7403        JZ      0024
```

第五步：指令执行前，用 R 命令观察源程序中使用的寄存器 AX、DS、BL 和 CH 中的内容为 AX=FFFFH、DS=075AH、BL=00H 和 CH=00H（这样指令执行前后寄存器中的内容可以对比）。

```
-R
AX=FFFF  BX=0000  CX=002C  DX=0000  SP=0000  BP=0000  SI=0000  DI=0000
DS=075A  ES=075A  SS=0769  CS=076B  IP=0000   NV UP EI PL NZ NA PO NC
076B:0000 B86A07        MOV     AX,076A
```

指令执行前,用 D 命令观察数据段 0000H、0002H 和 0003H 指向的字节单元中的内容分别为 10H、67H 和 02H(这样指令执行前后数据段中的内容可以对比)。

```
-D 076A:0000 000F    段基址一定是为源程序分配的段基址076AH
076A:0000  10 67 02 00 00 00 00 00-00 00 00 00 00 00 00 00   .g..............
```

第六步:用 T 命令执行第 1、2 条指令后,AX=076AH,DS=076AH。

```
-T=0000

AX=076A  BX=0000  CX=002C  DX=0000  SP=0000  BP=0000  SI=0000  DI=0000
DS=075A  ES=075A  SS=0769  CS=076B  IP=0003    NV UP EI PL NZ NA PO NC
076B:0003 8ED8          MOV    DS,AX
-T

AX=076A  BX=0000  CX=002C  DX=0000  SP=0000  BP=0000  SI=0000  DI=0000
DS=076A  ES=075A  SS=0769  CS=076B  IP=0005    NV UP EI PL NZ NA PO NC
076B:0005 A00100        MOV    AL,[0001]                      DS:0001=67
```

用 T 命令执行第 3 条指令后,AL=67H。

```
-T

AX=0767  BX=0000  CX=002A  DX=0000  SP=0000  BP=0000  SI=0000  DI=0000
DS=076A  ES=075A  SS=0769  CS=076B  IP=0008    NV UP EI PL NZ NA PO NC
076B:0008 98            CBW
```

用 T 命令执行第 4 条指令后,被除数扩展为字类型,AX=0067H。

```
-T

AX=0067  BX=0000  CX=002C  DX=0000  SP=0000  BP=0000  SI=0000  DI=0000
DS=076A  ES=075A  SS=0769  CS=076B  IP=0009    NV UP EI PL NZ NA PO NC
076B:0009 8A1E0200      MOV    BL,[0002]                      DS:0002=02
```

用 T 命令执行第 5 条指令后,除数传送至 BL=02H。

```
-T

AX=0067  BX=0002  CX=002A  DX=0000  SP=0000  BP=0000  SI=0000  DI=0000
DS=076A  ES=075A  SS=0769  CS=076B  IP=000B    NV UP EI PL NZ NA PO NC
076B:000B F6FB          IDIV   BL
```

用 T 命令执行第 6 条指令后,AX/BL=0067H/02H,商为 33H。

```
-T

AX=0133  BX=0002  CX=002A  DX=0000  SP=0000  BP=0000  SI=0000  DI=0000
DS=076A  ES=075A  SS=0769  CS=076B  IP=000D    NV UP EI PL NZ NA PO NC
076B:000D 8A2E0000      MOV    CH,[0000]                      DS:0000=10
```

用 T 命令执行第 7 条指令后,将 0000H 指向的字节单元中的内容传送至 CH,CH=10H。

```
-t                ➤命令大小写不区分
AX=0133  BX=0002  CX=102A  DX=0000  SP=0000  BP=0000  SI=0000  DI=0000
DS=076A  ES=075A  SS=0769  CS=076B  IP=0011    NV UP EI PL NZ NA PO NC
076B:0011 02C5          ADD     AL,CH
```

用 T 命令执行第 8 条指令后，将 AL 和 CH 求和，结果传送至 AL。

```
-T
AX=0143  BX=0002  CX=102A  DX=0000  SP=0000  BP=0000  SI=0000  DI=0000
DS=076A  ES=075A  SS=0769  CS=076B  IP=0013    NV UP EI PL NZ NA PO NC
076B:0013 A20300        MOV     [0003],AL                    DS:0003=00
```

用 T 命令执行第 9 条指令后，将 AL 中的内容传送至 0003H 指向的字节
单元。

```
-T
AX=0143  BX=0002  CX=102A  DX=0000  SP=0000  BP=0000  SI=0000  DI=0000
DS=076A  ES=075A  SS=0769  CS=076B  IP=0016    NV UP EI PL NZ NA PO NC
076B:0016 B44C          MOV     AH,4C
-D DS:0000 000F
076A:0000  10 67 02 43 00 00 00 00-00 00 00 00 00 00 00 00   .g.C............
```

用 T 命令执行第 10 条指令后，AH=4CH；用 P 命令执行 INT 21H 结束
程序，返回操作系统。

```
-T
AX=4C43  BX=0002  CX=102A  DX=0000  SP=0000  BP=0000  SI=0000  DI=0000
DS=076A  ES=075A  SS=0769  CS=076B  IP=0018    NV UP EI PL NZ NA PO NC
076B:0018 CD21          INT     21
-P

C:\>_
```

【任务 1.2】　设 TABLE 表存放 1~9 的平方，NUM 存放 1~9 中的任意
一个数，编写源程序，将 NUM 中数的平方传送至 BL。

实验三 1.2

分析：该题须在 TABLE 表中查找 NUM 中数的平方，可将 TABLE 表的首
地址传送至 BX，NUM 中的数传送至 AL，然后用 XLAT 指令即可实现该任务。

源程序 xlat.asm 如下。

```
DATA SEGMENT
    TABLE DB 0,1,4,9,16,25,36,49,64,81
    NUM DB 5
DATA ENDS
CODE SEGMENT
ASSUME CS: CODE,DS: DATA
```

```
START:
    MOV AX,DATA
    MOV DS,AX
    LEA BX,TABLE      ;TABLE 首地址传送至 BX,BX=0000H
    MOV AL,NUM        ;NUM 指向的字节单元中的内容传送至 AL,AL=5
    XLAT TABLE        ;将 BX+AL 指向的字节单元中的内容传送至 AL,AL=25(19H)
    MOV BL,AL         ;BL=19H
    MOV AH,4CH
    INT 21H
CODE ENDS
    END START
```

上机执行过程如下。

第一步：在编辑工具（记事本、DEVC 或 EDIT 等）中输入源程序 xlat.asm。

第二步：用汇编程序 MASM.EXE 汇编源程序 xlat.asm，严重错误个数为 0 表示汇编成功，否则需要修改源程序，然后继续执行第二步，直到严重错误个数为 0。

第三步：用链接程序 LINK.EXE 链接文件 xlat.obj。

第四步：用调试程序 DEBUG.EXE 调试文件 xlat.exe，使用反汇编命令 U 可以查看数据段段基址和一些无用指令。

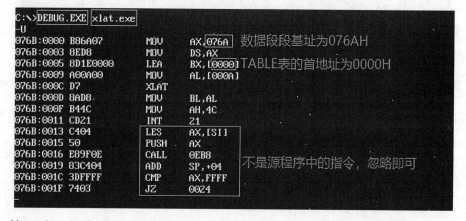

第五步：指令执行前，用 R 命令观察源程序中使用的寄存器 AX、DS 和 BX 中的内容为 AX＝FFFFH、DS＝075AH、BX＝0000H（这样指令执行前后寄存器中的内容可以对比）。

```
-R
AX=FFFF  BX=0000  CX=0023  DX=0000  SP=0000  BP=0000  SI=0000  DI=0000
DS=075A  ES=075A  SS=0769  CS=076B  IP=0000   NV UP EI PL NZ NA PO NC
076B:0000 B86A07        MOV      AX,076A
```

指令执行前,用 D 命令观察数据段 TABLE 表 0000H~0009H 指向的字
节单元中的内容分别为 00H~51H,NUM 字单元中的内容为 05H(这样指令
执行前后数据段中的内容可以对比)。

```
       不要使得DS，因为DS中的值为075AH，而给源程序中数据段分配的段基址为076AH
-D 076A:0000   000F        十六进制
076A:0000   00 01 04 09 10 19 24 31-40 51 05 00 00 00 00 00   ......$10Q......
    十进制数 0  1  4  9 16 2536 49 64 81 NUM
```

第六步:用 T 命令执行第 1、2 条指令后,AX=076AH,DS=076AH。

```
-T
AX=076A  BX=0000  CX=0023  DX=0000  SP=0000  BP=0000  SI=0000  DI=0000
DS=075A  ES=075A  SS=0769  CS=076B  IP=0003   NV UP EI PL NZ NA PO NC
076B:0003 8ED8          MOV      DS,AX
-T
AX=076A  BX=0000  CX=0023  DX=0000  SP=0000  BP=0000  SI=0000  DI=0000
DS=076A  ES=075A  SS=0769  CS=076B  IP=0005   NV UP EI PL NZ NA PO NC
076B:0005 8D1E0000      LEA      BX,[0000]                    DS:0000=0100
```

用 T 命令执行第 3、4 条指令后,BX=0000H,AL=05H。

```
-T
AX=076A  BX=0000  CX=0023  DX=0000  SP=0000  BP=0000  SI=0000  DI=0000
DS=076A  ES=075A  SS=0769  CS=076B  IP=0009   NV UP EI PL NZ NA PO NC
076B:0009 A00A00        MOV      AL,[000A]                    DS:000A=05
-T
AX=0705  BX=0000  CX=0023  DX=0000  SP=0000  BP=0000  SI=0000  DI=0000
DS=076A  ES=075A  SS=0769  CS=076B  IP=000C   NV UP EI PL NZ NA PO NC
076B:000C D7            XLAT
```

用 T 命令执行第 5、6 条指令后,将 BX+AL=0000H+05H=0005H 指
向的字节单元中的内容 19H 传送至 AL,AL=19H,BL=19H。

```
-T
AX=0719  BX=0000  CX=0023  DX=0000  SP=0000  BP=0000  SI=0000  DI=0000
DS=076A  ES=075A  SS=0769  CS=076B  IP=000D   NV UP EI PL NZ NA PO NC
076B:000D 8AD8          MOV      BL,AL
-T
AX=0719  BX=0019  CX=0023  DX=0000  SP=0000  BP=0000  SI=0000  DI=0000
DS=076A  ES=075A  SS=0769  CS=076B  IP=000F   NV UP EI PL NZ NA PO NC
076B:000F B44C          MOV      AH,4C
```

用 T 命令执行第 7、8 条指令后，程序正常结束。

```
-T

AX=4C19  BX=0019  CX=0023  DX=0000  SP=0000  BP=0000  SI=0000  DI=0000
DS=076A  ES=075A  SS=0769  CS=076B  IP=0011   NV UP EI PL NZ NA PO NC
076B:0011 CD21            INT    21
-P

Program terminated normally
```

实验三 1.3

【任务 1.3】 设 X 和 Y 字节单元分别存放有符号数 89H 和 02H，编写源程序，求两个数中的最小数并传送至 MIN 字单元。

分析：89H 和 02H 为有符号数，89H 转换为二进制是 1000 1001B，最高位为 1，则为负数；02H 转换为二进制数是 0000 0010B，最高位为 0，则为正数；所以最小数为 89H。

源程序 min.asm 如下。

```
DATA SEGMENT
    X DB 89H
    Y DB 02H
    MIN DB ?
DATA ENDS
CODE SEGMENT
ASSUME CS: CODE,DS: DATA
START:
    MOV AX,DATA
    MOV DS,AX
    MOV AL,X        ;X 指向的字节单元中的内容 89H 传送至 AL
    MOV BH,Y        ;Y 指向的字节单元中的内容 02H 传送至 BH
    CMP AL,BH       ;AL-BH,
    JG L1           ;AL 大于 BH,跳转到 L1,BH 为小数
        MOV MIN,AL
        JMP NEXT
    L1:
        MOV MIN,BH
    NEXT:
    MOV AH,4CH
    INT 21H
CODE ENDS
```

　　　　END START

　　上机执行过程如下。

　　第一步：在编辑工具（记事本、DEVC 或 EDIT 等）中输入源程序 min.asm。

　　第二步：用汇编程序 MASM.EXE 汇编源程序 min.asm，严重错误个数为 0 表示汇编成功，否则需要修改源程序，然后继续执行第二步，直到严重错误个数为 0。

　　第三步：用链接程序 LINK.EXE 链接文件 min.obj。

　　第四步：用调试程序 DEBUG.EXE 调试文件 min.exe，使用反汇编命令 U 可以查看数据段段基址和一些无用指令。

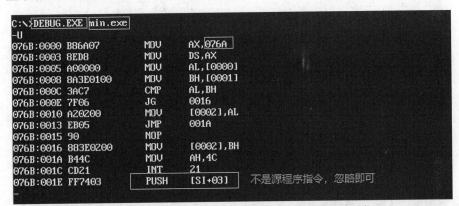

```
C:\>DEBUG.EXE min.exe
-U
076B:0000 B86A07        MOV     AX,076A
076B:0003 8ED8          MOV     DS,AX
076B:0005 A00000        MOV     AL,[0000]
076B:0008 8A3E0100      MOV     BH,[0001]
076B:000C 3AC7          CMP     AL,BH
076B:000E 7F06          JG      0016
076B:0010 A20200        MOV     [0002],AL
076B:0013 EB05          JMP     001A
076B:0015 90            NOP
076B:0016 883E0200      MOV     [0002],BH
076B:001A B44C          MOV     AH,4C
076B:001C CD21          INT     21
076B:001E FF7403        PUSH    [SI+03]       不是源程序指令，忽略即可
-
```

　　第五步：指令执行前，用 R 命令观察源程序中使用的寄存器 AX、DS 和 BH 中的内容为 AX=FFFFH、DS=075AH、BH=00H（这样指令执行前后寄存器中的内容可以对比）。

```
-R
AX=FFFF  BX=0000  CX=002E  DX=0000  SP=0000  BP=0000  SI=0000   DI=0000
DS=075A  ES=075A  SS=0769  CS=076B  IP=0000    NV UP EI PL NZ NA PO NC
076B:0000 B86A07         MOV     AX,076A
```

　　指令执行前，用 D 命令观察数据段 X、Y 和 MIN 字节单元中的内容分别为 89H、02H 和 00H（这样指令执行前后数据段中的内容可以对比）。

```
-D 076A:0000 000F
076A:0000  89 02 00 00 00 00 00 00-00 00 00 00 00 00 00 00   ................
          X  Y  MIN
-
```

　　第六步：用 T 命令执行第 1、2 条指令后，AX=076AH，DS=076AH。

```
-T=0000

AX=076A  BX=0000  CX=002E  DX=0000  SP=0000  BP=0000  SI=0000  DI=0000
DS=075A  ES=075A  SS=0769  CS=076B  IP=0003   NV UP EI PL NZ NA PO NC
076B:0003 8ED8          MOV     DS,AX
-T

AX=076A  BX=0000  CX=002E  DX=0000  SP=0000  BP=0000  SI=0000  DI=0000
DS=076A  ES=075A  SS=0769  CS=076B  IP=0005   NV UP EI PL NZ NA PO NC
076B:0005 A00000        MOV     AL,[0000]                       DS:0000=89
```

用 T 命令执行第 3、4 条指令后，AL＝89H，BH＝02H。

```
-T

AX=0789  BX=0000  CX=002E  DX=0000  SP=0000  BP=0000  SI=0000  DI=0000
DS=076A  ES=075A  SS=0769  CS=076B  IP=0008   NV UP EI PL NZ NA PO NC
076B:0008 8A3E0100      MOV     BH,[0001]                       DS:0001=02
-T

AX=0789  BX=0200  CX=002E  DX=0000  SP=0000  BP=0000  SI=0000  DI=0000
DS=076A  ES=075A  SS=0769  CS=076B  IP=000C   NV UP EI PL NZ NA PO NC
076B:000C 3AC7          CMP     AL,BH
```

用 T 命令执行第 5～7 条指令后，MIN 字节单元存放最小数 89H。

```
-T  CMP AL,BH   AL小于BH

AX=0789  BX=0200  CX=002E  DX=0000  SP=0000  BP=0000  SI=0000  DI=0000
DS=076A  ES=075A  SS=0769  CS=076B  IP=000E   NV UP EI NG NZ NA PE NC
076B:000E 7F06          JG      0016
-T   JG L1    AL不大于BH，所以没有跳转到L1，顺序往下执行

AX=0789  BX=0200  CX=002E  DX=0000  SP=0000  BP=0000  SI=0000  DI=0000
DS=076A  ES=075A  SS=0769  CS=076B  IP=0010   NV UP EI NG NZ NA PE NC
076B:0010 A20200        MOV     [0002],AL                       DS:0002=00

-T   MOV MIN,AL  将最小值AL送MIN单元

AX=0789  BX=0200  CX=002E  DX=0000  SP=0000  BP=0000  SI=0000  DI=0000
DS=076A  ES=075A  SS=0769  CS=076B  IP=0013   NV UP EI NG NZ NA PE NC
076B:0013 EB05          JMP     001A

-D DS:0000 000F  MIN
076A:0000  89 02 89 00 00 00 00 00-00 00 00 00 00 00 00 00   ................
```

用 T 命令执行第 8、11 和 12 条指令后，程序正常结束。

```
-T  JMP NEXT 跳转到NEXT位置，执行返回DOS中断调用

AX=0789  BX=0200  CX=002E  DX=0000  SP=0000  BP=0000  SI=0000  DI=0000
DS=076A  ES=075A  SS=0769  CS=076B  IP=001A   NV UP EI NG NZ NA PE NC
076B:001A B44C          MOV     AH,4C
-T

AX=4C89  BX=0200  CX=002E  DX=0000  SP=0000  BP=0000  SI=0000  DI=0000
DS=076A  ES=075A  SS=0769  CS=076B  IP=001C   NV UP EI NG NZ NA PE NC
076B:001C CD21          INT     21
-P

Program terminated normally
```

【任务 1.4】 从键盘输入 1~3 中任意一个数,编写源程序,在屏幕上分别显示"1OK""2OK"或"3OK";如果输入其他字符,则显示"*"。

实验三 1.4

分析:该题有 3 种情况,相当于有 3 个分支,如图 3.1 所示。

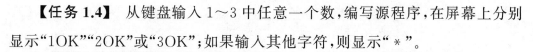

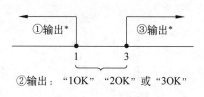

图 3.1 3 种情况

源程序 output.asm 如下。

```
DATA SEGMENT
    STR DB "OK$"
DATA ENDS
CODE SEGMENT
ASSUME CS: CODE,DS: DATA
START:
    MOV AX,DATA
    MOV DS,AX
    MOV AH,01H              ;将功能号 01H 传送至 AH
    INT 21H                 ;实现从键盘输入数据传送至 AL
    CMP AL,'1'              ;AL-'1'
    JL  L1                  ;AL 低于'1',跳转到 L1,图 3.1①输出 *
        CMP AL,'3'          ;AL-'3'
        JA  L1              ;AL 高于'3',跳转到 L1,图 3.1③输出 *
        MOV DL,AL
        MOV AH,02H
        INT 21H
        LEA DX,STR          ;图 3.1② 输出"1OK""2OK"或"3OK"
        MOV AH,09H
        INT 21H
        JMP NEXT
L1:
    MOV DL,'*'
    MOV AH,02H
    INT 21H
```

```
        NEXT:
        MOV AH,4CH
        INT 21H
CODE ENDS
        END START
```

上机执行过程如下。

第一步：在编辑工具（记事本、DEVC 或 EDIT 等）中输入源程序 output.asm。

第二步：用汇编程序 MASM.EXE 汇编源程序 output.asm,严重错误个数为 0 表示汇编成功,否则需要修改源程序,然后继续执行第二步,直到严重错误个数为 0。

第三步：用链接程序 LINK.EXE 链接文件 output.obj。

第四步：程序中有输出指令,可直接执行可执行文件,输出结果。

➢ **知识拓展**

1. BUF 字节单元中有一个有符号数,判断其正负,若为正数,则显示"+";若为负数,则显示"−";若为 0,则显示 0。

2. 设 W、X、Y、Z 和 V 是字节变量,计算 $(X×Y+360-Z)/V$,并将结果传送至 W。

任务 2 循环结构程序设计

➤ 任务目标

1. 牢记循环指令、串操作和比较指令的格式及用法。

2. 正确描述循环结构的执行过程,进一步加深对循环结构的理解。

3. 正确使用循环结构解决实际问题,树立"不积跬步,无以至千里;不积小流,无以成江海"的思想。

➤ 任务实施

通过前面的学习,编写具有循环结构的程序以解决实际问题。

【任务 2.1】 X 字节单元中的内容为 83H,编写源程序,将其二进制数显示到屏幕上。

实验三 2.1

分析:83H 转换为二进制数是 1000 0011B,先显示高位,再显示低位。可采用 SHL 指令一位一位地移出,然后调用 02H 号功能显示输出;但是 02H 号功能只能显示输出字符型数据,所以须得到 0 和 1 的 ASCII 码 30H 和 31H。如图 3.2 所示,循环移动 8 次即可将二进制数显示到屏幕上。

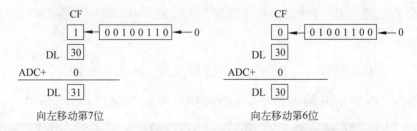

图 3.2 获得 0 和 1 的 ASCII 码的执行过程

源程序 boutput.asm 如下。

```
DATA SEGMENT
    X DB 83H
```

```
DATA ENDS
CODE SEGMENT
    ASSUME CS: CODE,DS: DATA
    START:
        MOV AX,DATA
        MOV DS,AX
        MOV BL,X              ;将 X 字节单元中的内容 83H 传送至 BL
        MOV CX,8             ;循环次数传送至 CX
        L1:
            MOV DL,30H       ;30H 传送至 DL
            SHL BL,1         ;将 BL 中的内容逻辑左移 1 位,结果传送至 BL
            ADC DL,0         ;将 DL+0+CF 的结果传送至 DL
            MOV AH,02H
            INT 21H
        LOOP L1
        MOV AH,4CH
        INT 21H
CODE ENDS
    END START
```

上机执行过程如下。

第一步：在编辑工具（记事本、DEVC 或 EDIT 等）中输入源程序 boutput.asm。

第二步：用汇编程序 MASM.EXE 汇编源程序 boutput.asm，严重错误个数为 0 表示汇编成功，否则需要修改源程序，然后继续执行第二步，直到严重错误个数为 0。

第三步：用链接程序 LINK.EXE 链接文件 boutput.obj。

第四步：程序中有输出指令，可直接执行可执行文件，输出结果。

```
C:\>boutput.exe
10000011
```

【任务 2.2】　BUF 字节单元中存放了 5 个无符号数，求 5 个数中所有偶数的累加和。

分析：通过逻辑右移指令将 BUF 字节单元中的数据向右移动 1 位，然后判断 CF；如果 CF＝1，则该数为奇数，否则为偶数。

实验三 2.2

源程序 sum.asm 如下。

```
DATA SEGMENT
    BUF DB 83H,18H,90H,11H,53H
    LEN EQU $-BUF              ;获得 BUF 缓冲区数据个数
DATA ENDS
CODE SEGMENT
ASSUME CS:CODE,DS:DATA
START:
    MOV AX,DATA
    MOV DS,AX
    MOV AL,00H                ;将 00H 传送至 AL,存放累加和
    LEA BX,BUF                ;将 BUF 缓冲区首地址传送至 BX
    MOV CX,LEN                ;将数据个数传送至 CX
    L1:
        MOV DL,[BX]           ;将 BX 指向的字节单元中的内容传送至 DL
        SHR DL,1             ;DL 中的内容右移 1 位,结果传送至 DL
        JC  L2       ;CF=1,说明 BX 指向的字节单元中的内容是奇数,跳转到 L2
          ADD AL,[BX]        ;说明 BX 指向的字节单元中的内容是偶数,累加到 AL
        L2:
          INC BX             ;BX 自增 1,BX 指向下一个字节单元
    LOOP L1
    MOV AH,4CH
    INT 21H
CODE ENDS
    END START
```

上机执行过程如下。

第一步：在编辑工具（记事本、DEVC 或 EDIT 等）中输入源程序 sum.asm。

第二步：用汇编程序 MASM.EXE 汇编源程序 sum.asm，严重错误个数为 0 表示汇编成功，否则需要修改源程序，然后继续执行第二步，直到严重错误个数为 0。

第三步：用链接程序 LINK.EXE 链接文件 sum.obj。

第四步：程序中没有输出指令，用调试程序 DEBUG.EXE 调试文件 sum.

exe,使用反汇编命令 U 可以查看数据段段基址和一些无用指令。

```
C:\>DEBUG.EXE sum.exe
-U
076B:0000 B86A07        MOV     AX,076A
076B:0003 8ED8          MOV     DS,AX
076B:0005 B000          MOV     AL,00
076B:0007 8D1E0000      LEA     BX,[0000]
076B:000B B90500        MOV     CX,0005
076B:000E 8A17          MOV     DL,[BX]    该指令所在位置为000EH位置
076B:0010 D0EA          SHR     DL,1
076B:0012 7202          JB      0016
076B:0014 0207          ADD     AL,[BX]
076B:0016 43            INC     BX
076B:0017 E2F5          LOOP    000E       CX不等于0，循环指令需跳转到000EH位
076B:0019 B44C          MOV     AH,4C
076B:001B CD21          INT     21
076B:001D FFFF          ???     DI         不是源程序中指令，忽略即可
076B:001F 7403          JZ      0024
-
```

第五步：指令执行前，用 R 命令观察源程序中使用的寄存器内容（这样指令执行前后寄存器中的内容可以对比）。

```
-R
AX=FFFF  BX=0000  CX=002D  DX=0000  SP=0000  BP=0000  SI=0000  DI=0000
DS=075A  ES=075A  SS=0769  CS=076B  IP=0000   NV UP EI PL NZ NA PO NC
076B:0000 B86A07        MOV     AX,076A
-
```

指令执行前，用 D 命令观察数据段 BUF 字节单元中的内容。

```
-D 076A:0000 000F
076A:0000  83 18 90 11 53 00 00 00-00 00 00 00 00 00 00 00   ....S...........
```

第六步：用 T 命令执行第 1 次循环，BUF 字节单元中的第 1 个数据 83H 不是偶数，BX 自增 1，指向第 2 个单元。

```
076B:000E 8A17          MOV     DL,[BX]                         DS:0000=83
-T

AX=0700  BX=0000  CX=0005  DX=0083  SP=0000  BP=0000  SI=0000  DI=0000
DS=076A  ES=075A  SS=0769  CS=076B  IP=0010   NV UP EI PL NZ NA PO NC
076B:0010 D0EA          SHR     DL,1
-T

AX=0700  BX=0000  CX=0005  DX=0041  SP=0000  BP=0000  SI=0000  DI=0000
DS=076A  ES=075A  SS=0769  CS=076B  IP=0012   OV UP EI PL NZ AC PE CY
076B:0012 7202          JB      0016                    83H为奇数，应BX自增1，指向
-T                                                        下一个字节单元

AX=0700  BX=0000  CX=0005  DX=0041  SP=0000  BP=0000  SI=0000  DI=0000
DS=076A  ES=075A  SS=0769  CS=076B  IP=0016   OV UP EI PL NZ AC PE CY
076B:0016 43            INC     BX
-T            BX自增1

AX=0700  BX=0001  CX=0005  DX=0041  SP=0000  BP=0000  SI=0000  DI=0000
DS=076A  ES=075A  SS=0769  CS=076B  IP=0017   NV UP EI PL NZ NA PO CY
076B:0017 E2F5          LOOP    000E
```

　　用 T 命令执行第 2 次循环,BUF 字节单元中的第 2 个数据 18H 是偶数,累加到 AL,AL＝18H,然后 BX 自增 1,指向第 2 个单元。

```
-T
AX=0700  BX=0001  CX=0004  DX=0018  SP=0000  BP=0000  SI=0000  DI=0000
DS=076A  ES=075A  SS=0769  CS=076B  IP=0010   NV UP EI PL NZ NA PO CY
076B:0010 D0EA          SHR     DL,1
-T

AX=0700  BX=0001  CX=0004  DX=000C  SP=0000  BP=0000  SI=0000  DI=0000
DS=076A  ES=075A  SS=0769  CS=076B  IP=0012   NV UP EI PL NZ AC PE NC
076B:0012 7202          JB      0016
-T
                                          CF=0,说明18H为偶数,需累加
                                          到AL,然后BX自增1

AX=0700  BX=0001  CX=0004  DX=000C  SP=0000  BP=0000  SI=0000  DI=0000
DS=076A  ES=075A  SS=0769  CS=076B  IP=0014   NV UP EI PL NZ AC PE NC
076B:0014 0207          ADD     AL,[BX]                    DS:0001=18
-T

AX=0718  BX=0001  CX=0004  DX=000C  SP=0000  BP=0000  SI=0000  DI=0000
DS=076A  ES=075A  SS=0769  CS=076B  IP=0016   NV UP EI PL NZ NA PE NC
076B:0016 43           INC     BX
-T

AX=0718  BX=0002  CX=0004  DX=000C  SP=0000  BP=0000  SI=0000  DI=0000
DS=076A  ES=075A  SS=0769  CS=076B  IP=0017   NV UP EI PL NZ NA PO NC
076B:0017 E2F5         LOOP    000E
```

　　用 T 命令执行第 3 次循环,BUF 字节单元中的第 3 个数据 90H 是偶数,累加到 AL,AL＝18H＋90H＝A8H,然后 BX 自增 1,指向第 3 个单元。

```
-T
AX=0718  BX=0002  CX=0003  DX=0090  SP=0000  BP=0000  SI=0000  DI=0000
DS=076A  ES=075A  SS=0769  CS=076B  IP=0010   NV UP EI PL NZ NA PO NC
076B:0010 D0EA          SHR     DL,1

AX=0718  BX=0002  CX=0003  DX=0048  SP=0000  BP=0000  SI=0000  DI=0000
DS=076A  ES=075A  SS=0769  CS=076B  IP=0012   OV UP EI PL NZ AC PE NC
076B:0012 7202          JB      0016
-T
                                          CF=0,说明90H是偶数,需累加到AL,然
                                          后BX自增1,指向下一个单元

AX=0718  BX=0002  CX=0003  DX=0048  SP=0000  BP=0000  SI=0000  DI=0000
DS=076A  ES=075A  SS=0769  CS=076B  IP=0014   OV UP EI PL NZ AC PE NC
076B:0014 0207          ADD     AL,[BX]                    DS:0002=90
-T

AX=07A8  BX=0002  CX=0003  DX=0048  SP=0000  BP=0000  SI=0000  DI=0000
DS=076A  ES=075A  SS=0769  CS=076B  IP=0016   NV UP EI NG NZ NA PO NC
076B:0016 43           INC     BX
-T

AX=07A8  BX=0003  CX=0003  DX=0048  SP=0000  BP=0000  SI=0000  DI=0000
DS=076A  ES=075A  SS=0769  CS=076B  IP=0017   NV UP EI PL NZ NA PE NC
076B:0017 E2F5         LOOP    000E
```

　　用 T 命令执行第 4 次循环,BUF 字节单元中的第 4 个数据 11 是奇数,BX自增 1,指向第 4 个单元。

```
076B:000E 8A17         MOV    DL,[BX]                         DS:0003=11
-T

AX=07A8  BX=0003  CX=0002  DX=0011  SP=0000  BP=0000  SI=0000  DI=0000
DS=076A  ES=075A  SS=0769  CS=076B  IP=0010    NV UP EI PL NZ NA PE NC
076B:0010 D0EA         SHR    DL,1
-T

AX=07A8  BX=0003  CX=0002  DX=0008  SP=0000  BP=0000  SI=0000  DI=0000
DS=076A  ES=075A  SS=0769  CS=076B  IP=0012    NV UP EI PL NZ AC PO CY
076B:0012 7202         JB     0016
-T                                                    CF=1，说明11H是奇数，BX自
                                                      增1，指向下一个单元

AX=07A8  BX=0003  CX=0002  DX=0008  SP=0000  BP=0000  SI=0000  DI=0000
DS=076A  ES=075A  SS=0769  CS=076B  IP=0016    NV UP EI PL NZ AC PO CY
076B:0016 43           INC    BX
-T

AX=07A8  BX=0004  CX=0002  DX=0008  SP=0000  BP=0000  SI=0000  DI=0000
DS=076A  ES=075A  SS=0769  CS=076B  IP=0017    NV UP EI PL NZ NA PO CY
076B:0017 E2F5         LOOP   000E
```

用 T 命令执行第 5 次循环，BUF 字节单元中的第 5 个数据 53H 是奇数，BX 自增 1，指向第 5 个单元，最后所有偶数的累加和为 A8H，存放至 AL 中。

```
076B:000E 8A17         MOV    DL,[BX]                         DS:0004=53
-T

AX=07A8  BX=0004  CX=0001  DX=0053  SP=0000  BP=0000  SI=0000  DI=0000
DS=076A  ES=075A  SS=0769  CS=076B  IP=0010    NV UP EI PL NZ NA PO CY
076B:0010 D0EA         SHR    DL,1
-T

AX=07A8  BX=0004  CX=0001  DX=0029  SP=0000  BP=0000  SI=0000  DI=0000
DS=076A  ES=075A  SS=0769  CS=076B  IP=0012    NV UP EI PL NZ AC PO CY
076B:0012 7202         JB.    0016
-T                                                    CF=1，说明53H为奇数，BX自增
                                                      1，BX指向下一个单元

AX=07A8  BX=0004  CX=0001  DX=0029  SP=0000  BP=0000  SI=0000  DI=0000
DS=076A  ES=075A  SS=0769  CS=076B  IP=0016    NV UP EI PL NZ AC PO CY
076B:0016 43           INC    BX
-T

AX=07A8  BX=0005  CX=0001  DX=0029  SP=0000  BP=0000  SI=0000  DI=0000
DS=076A  ES=075A  SS=0769  CS=076B  IP=0017    NV UP EI PL NZ NA PE CY
076B:0017 E2F5         LOOP   000E
```

用 T 命令执行循环结果，程序正常结束。

```
-T

AX=07A8  BX=0005  CX=0000  DX=0029  SP=0000  BP=0000  SI=0000  DI=0000
DS=076A  ES=075A  SS=0769  CS=076B  IP=0019    NV UP EI PL NZ NA PE CY
076B:0019 B44C         MOV    AH,4C
-T

AX=4CA8  BX=0005  CX=0000  DX=0029  SP=0000  BP=0000  SI=0000  DI=0000
DS=076A  ES=075A  SS=0769  CS=076B  IP=001B    NV UP EI PL NZ NA PE CY
076B:001B CD21         INT    21
-P

Program terminated normally
```

【任务 2.3】 BUF 字节单元中存放了 10 个无符号数,在这 10 个数中查找
是否存在 12H,如果 12H 存在,则输出 YES,否则输出 NO。

源程序 search.asm 如下。

实验三 2.3

```
DATA SEGMENT
    BUF DB 23H,38H,60H,13H,12H,88H,90H,11H,45H,66H
    LEN EQU $-BUF
    MSG1 DB "YES$"
    MSG2 DB "NO$"
DATA ENDS
CODE SEGMENT
ASSUME CS: CODE,DS: DATA
START:
    MOV AX,DATA
    MOV DS,AX
    LEA BX,BUF              ;将 BUF 缓冲区首地址传送至 BX
    MOV CX,LEN             ;将数据个数传送至 CX
    MOV SI,-1
    L1:
      INC SI                ;SI 自增 1
      MOV DL,[BX+SI]        ;将 BX+SI 指向的字节单元中的内容传送至 DL
      CMP DL,12H            ;DL-12H
    LOOPNE L1                ;结果不相等,继续循环至 L1
    JZ L2
      LEA DX,MSG2
      JMP NEXT
    L2:
      LEA DX,MSG1
    NEXT:
      MOV AH,09H
      INT 21H
    MOV AH,4CH
    INT 21H
CODE ENDS
    END START
```

上机执行过程如下。

第一步：在编辑工具（记事本、DEVC 或 EDIT 等）中输入源程序 search.asm。

第二步：用汇编程序 MASM.EXE 汇编源程序 search.asm，严重错误个数为 0 表示汇编成功，否则需要修改源程序，然后继续执行第二步，直到严重错误个数为 0。

第三步：用链接程序 LINK.EXE 链接文件 search.obj。

第四步：程序中有输出指令，可直接执行可执行文件，输出结果。

```
C:\>search.exe
YES
```

实验三 2.4

【任务 2.4】　STR1 字节单元中存放了字符串"LOVE"，编写源程序，将 STR1 串从右到左依次传送至 STR2 字节单元。

分析：源串 STR1 的末偏移地址传送至 SI，SI＝0003H；目的串 STR2 的末偏移地址传送至 DI，DI＝0003H；方向标志 DF＝1。每重复一次 MOVS 指令，SI 和 DI 自减 1；重复 4 次后，STR1 中的内容传送至 STR2，最后 SI 和 DI 的值为 FFFFH。执行过程如图 3.3 所示。

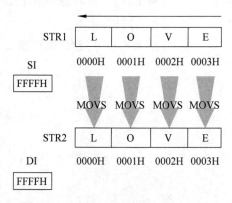

图 3.3　MOVS 指令的执行过程

源程序 movs.asm 如下。

```
DATA SEGMENT
    STR1 DB "LOVE"              ;源串
```

```
    LEN EQU $-STR1
DATA ENDS
EXTRA SEGMENT
    STR2 DB LEN DUP(?)              ;目的串
EXTRA ENDS
CODE SEGMENT
ASSUME CS: CODE,DS: DATA,ES: EXTRA
START:
    MOV AX,DATA
    MOV DS,AX
    LEA SI,STR1+LEN-1              ;源串末偏移地址传送至 SI
    MOV AX,EXTRA
    MOV ES,AX
    LEA DI,STR2+LEN-1              ;目的串末偏移地址传送至 DI
    MOV CX,LEN                     ;重复次数传送至 CX
    STD                           ;方向标志设置为 DF=1
    REP MOVS STR2,STR1            ;重复 MOVS 指令
    MOV AH,4CH
    INT 21H
CODE ENDS
    END START
```

上机执行过程如下。

第一步：在编辑工具（记事本、DEVC 或 EDIT 等）中输入源程序 movs.asm。

第二步：用汇编程序 MASM.EXE 汇编源程序 movs.asm，严重错误个数为 0 表示汇编成功，否则需要修改源程序，然后继续执行第二步，直到严重错误个数为 0。

第三步：用链接程序 LINK.EXE 链接文件 movs.obj。

第四步：程序中没有输出指令，用调试程序 DEBUG.EXE 调试文件 movs.exe，使用反汇编命令 U 可以查看数据段段基址和一些无用指令。

第五步：指令执行前，用 R 命令观察源程序中使用的寄存器内容（这样指

```
C:\>DEBUG.EXE movs.exe
-U
076C:0000 B86A07        MOV     AX,076A
076C:0003 8ED8          MOV     DS,AX
076C:0005 8D360300      LEA     SI,[0003]    STR1末偏移地址
076C:0009 B86B07        MOV     AX,076B
076C:000C 8EC0          MOV     ES,AX
076C:000E 8D3E0300      LEA     DI,[0003]    STR2末偏移地址
076C:0012 B90400        MOV     CX,0004
076C:0015 FD            STD
076C:0016 F3            REPZ
076C:0017 A4            MOVSB
076C:0018 B44C          MOV     AH,4C
076C:001A CD21          INT     21
076C:001C 56            PUSH    SI
076C:001D FE05          INC     BYTE PTR [DI]    无效指令
076C:001F 0C00          OR      AL,00
```

令执行前后寄存器中的内容可以对比）。

```
-R
AX=FFFF  BX=0000  CX=003C  DX=0000  SP=0000  BP=0000  SI=0000  DI=0000
DS=075A  ES=075A  SS=0769  CS=076C  IP=0000     NV UP EI PL NZ NA PO NC
076C:0000 B86A07        MOV     AX,076A              DF=0
```

指令执行前,用 D 命令观察数据段 STR1 和附加段 STR2 字节单元中的内容（这样指令执行前后数据段中的内容可以对比）。

```
-D 076A:0000 000F  数据段
076A:0000  4C 4F 56 45 00 00 00 00-00 00 00 00 00 00 00 00   LOVE...........

-D 076B:0000 000F  附加段
076B:0000  00 00 00 00 00 00 00 00-00 00 00 00 00 00 00 00   ...............
```

第六步：用 T 命令执行前 7 条指令,指令中涉及寄存器的内容发生变化。

```
-T
AX=076A  BX=0000  CX=003C  DX=0000  SP=0000  BP=0000  SI=0000  DI=0000
DS=075A  ES=075A  SS=0769  CS=076C  IP=0003     NV UP EI PL NZ NA PO NC
076C:0003 8ED8          MOV     DS,AX
-T
AX=076A  BX=0000  CX=003C  DX=0000  SP=0000  BP=0000  SI=0000  DI=0000
DS=076A  ES=075A  SS=0769  CS=076C  IP=0005     NV UP EI PL NZ NA PO NC
076C:0005 8D360300      LEA     SI,[0003]                 DS:0003=0045
-T
AX=076A  BX=0000  CX=003C  DX=0000  SP=0000  BP=0000  SI=0003  DI=0000
DS=076A  ES=075A  SS=0769  CS=076C  IP=0009     NV UP EI PL NZ NA PO NC
076C:0009 B86B07        MOV     AX,076B
-T
AX=076B  BX=0000  CX=003C  DX=0000  SP=0000  BP=0000  SI=0003  DI=0000
DS=076A  ES=075A  SS=0769  CS=076C  IP=000C     NV UP EI PL NZ NA PO NC
076C:000C 8EC0          MOV     ES,AX
```

```
-T

AX=076B  BX=0000  CX=003C  DX=0000  SP=0000  BP=0000  SI=0003  DI=0000
DS=076A  ES=076B  SS=0769  CS=076C  IP=000E   NV UP EI PL NZ NA PO NC
076C:000E 8D3E0300     LEA      DI,[0003]                   DS:0003=0045
-T

AX=076B  BX=0000  CX=003C  DX=0000  SP=0000  BP=0000  SI=0003  DI=0003
DS=076A  ES=076B  SS=0769  CS=076C  IP=0012   NV UP EI PL NZ NA PO NC
076C:0012 B90400       MOV      CX,0004
-T

AX=076B  BX=0000  CX=0004  DX=0000  SP=0000  BP=0000  SI=0003  DI=0003
DS=076A  ES=076B  SS=0769  CS=076C  IP=0015   NV UP EI PL NZ NA PO NC
076C:0015 FD           STD
```

用 T 命令执行第 8 条 STD 指令,DF=1。

```
-T

AX=076B  BX=0000  CX=0004  DX=0000  SP=0000  BP=0000  SI=0003  DI=0003
DS=076A  ES=076B  SS=0769  CS=076C  IP=0016   NV DN EI PL NZ NA PO NC
076C:0016 F3           REPZ                       DF=1
076C:0017 A4           MOVSB
```

用 T 命令重复执行第 1 条 MOVS 指令,SI 指向的字节单元中的内容传送
至 DI 指向的字节单元,SI 和 DI 自减 1,CX 自减 1。

```
-T

AX=076B  BX=0000  CX=0003  DX=0000  SP=0000  BP=0000  SI=0002  DI=0002
DS=076A  ES=076B  SS=0769  CS=076C  IP=0016   NV DN EI PL NZ NA PO NC
076C:0016 F3           REPZ
076C:0017 A4           MOVSB
-D DS:0000 000F
076A:0000  4C 4F 56 45 00 00 00 00-00 00 00 00 00 00 00 00  LOVE............
-D ES:0000 000F
076B:0000  00 00 00 45 00 00 00 00-00 00 00 00 00 00 00 00  ...E............
-
```

用 T 命令重复第 2~4 次 MOVS 指令,STR1 串内容传送至 STR2。

```
-T   重复第2次MOVS指令
AX=076B  BX=0000  CX=0002  DX=0000  SP=0000  BP=0000  SI=0001  DI=0001
DS=076A  ES=076B  SS=0769  CS=076C  IP=0016   NV DN EI PL NZ NA PO NC
076C:0016 F3           REPZ
076C:0017 A4           MOVSB
-T   重复第3次MOVS指令
AX=076B  BX=0000  CX=0001  DX=0000  SP=0000  BP=0000  SI=0000  DI=0000
DS=076A  ES=076B  SS=0769  CS=076C  IP=0016   NV DN EI PL NZ NA PO NC
076C:0016 F3           REPZ
076C:0017 A4           MOVSB
-T   重复第4次MOVS指令
AX=076B  BX=0000  CX=0000  DX=0000  SP=0000  BP=0000  SI=FFFF  DI=FFFF
DS=076A  ES=076B  SS=0769  CS=076C  IP=0018   NV DN EI PL NZ NA PO NC
076C:0018 B44C         MOV      AH,4C
-D ES:0000 000F
076B:0000  4C 4F 56 45 00 00 00 00-00 00 00 00 00 00 00 00  LOVE............
```

用 T 命令执行 4CH 号功能，程序正常结束。

```
-T
AX=4C6B  BX=0000  CX=0000  DX=0000  SP=0000  BP=0000  SI=FFFF  DI=FFFF
DS=076A  ES=076B  SS=0769  CS=076C  IP=001A   NV DN EI PL NZ NA PO NC
076C:001A CD21            INT   21
-P

Program terminated normally
-
```

➢ **知识拓展**

1. 在 STR 字节单元中存放了一个字符串，求该字符串中字符的个数并将其传送至 COUNT 字节单元。

2. 在 STR1 字节单元中存放了一个字符串，编写源程序，扫描 STR1 字符串，若 STR1 字符串中有字符'W'，则输出 YES，否则输出 NO。

3. 在 BUF1 字节单元中存放了一个字符串，采用 LODS 和 STOS 两条指令将 BUF1 中的字符串传送至 BUF2 字节单元。

4. STR1 字节单元中存放了一个字符串，STR2 字节单元存放了另一个字符串，编写源程序，判断这两个字符串是否相等，若相等，则输出 YES，否则输出 NO。

任务3　子程序结构程序设计

➢ **任务目标**

1. 牢记定义和调用子程序的格式及用法。

2. 正确理解子程序结构的设计思想，具备整体规划能力，养成良好的编程习惯。

3. 正确使用子程序结构解决实际问题，树立团队合作、互利互进、精益求精的学习态度和诚信、严谨、求实的敬业精神。

> **任务实施**

通过前面的学习，编写具有子程序结构的程序以解决实际问题。

【任务 3.1】 编写源程序，逆序输出字符串"!anihC evoL I"。

源程序 output.asm 如下。

实验三 3.1

```
DATA SEGMENT
    MSG1 DB "!anihC evoL I"
    LEN EQU $-MSG1
DATA ENDS
CODE SEGMENT
ASSUME CS: CODE,DS: DATA
START:
;定义 MAIN 子程序
```

```
MAIN PROC
    MOV AX,DATA
    MOV DS,AX
    CALL DISPLAY                ;调用程序 DISPLAY
    MOV AH,4CH
    INT 21H
MAIN ENDP
;定义 DISPLAY 子程序
```

```
DISPLAY PROC
    MOV CX,LEN
    LEA BX,MSG1
    MOV SI,LEN-1
    L1:
        MOV DL,[BX+SI]
        MOV AH,02H
        INT 21H
        DEC SI
    LOOP L1
    RET
DISPLAY ENDP
CODE ENDS
    END START
```

上机执行过程如下。

第一步：在编辑工具（记事本、DEVC 或 EDIT 等）中输入源程序 output.asm。

第二步：用汇编程序 MASM.EXE 汇编源程序 output.asm，严重错误个数为 0 表示汇编成功，否则需要修改源程序，然后继续执行第二步，直到严重错误个数为 0。

第三步：用链接程序 LINK.EXE 链接文件 output.obj。

第四步：程序中有输出指令，可直接执行可执行文件，输出结果。

```
C:\>output.exe
I love China!
```

【任务 3.2】　编写源程序，按如下格式输出。

实验三 3.2

```
**************************
    Share meal and woe,stand together thick and thin
    Share life and death,work together for a shared future
**************************
```

源程序 output.asm 如下。

```
DATA SEGMENT
    MSG1 DB "**************************",0AH,'$'
;0AH 是换行的 ASCII 码
    MSG2 DB "    Share meal and woe,stand together thick and thin",0AH,'$'
    MSG3 DB "    Share life and death,work together for a shared future",
0AH,'$'
DATA ENDS
CODE SEGMENT
ASSUME CS: CODE,DS: DATA
START:
;定义 MAIN 子程序
MAIN PROC
    MOV AX,DATA
    MOV DS,AX
    CALL OUTPUT            ;调用 OUTPUT 子程序
    MOV AH,4CH
    INT 21H
MAIN ENDP
;定义 OUTPUT 子程序
```

```
OUTPUT PROC
    CALL DISPLAY              ;调用 DISPLAY 子程序
    LEA DX,MSG2
    MOV AH,09H
    INT 21H
    LEA DX,MSG3
    MOV AH,09H
    INT 21H
    CALL DISPLAY              ;调用 DISPLAY 子程序
    RET
OUTPUT ENDP
;定义 DISPLAY 子程序
```

```
DISPLAY PROC
    LEA DX,MSG1
    MOV AH,09H
    INT 21H
    RET
DISPLAY ENDP
CODE ENDS
    END START
```

上机执行过程如下。

第一步：在编辑工具（记事本、DEVC 或 EDIT 等）中输入源程序 output.asm。

第二步：用汇编程序 MASM.EXE 汇编源程序 output.asm，严重错误个数为 0 表示汇编成功，否则需要修改源程序，然后继续执行第二步，直到严重错误个数为 0。

第三步：用链接程序 LINK.EXE 链接文件 output.obj。

第四步：程序中有输出指令，可直接执行可执行文件，输出结果。

```
C:\>output.exe
************************************************************
Share weal and woe,Stand together thick and thin
Share life and death,Work together for a shared future
************************************************************
```

➤ **知识拓展**

1. M 单元和 N 单元中分别存有一个 8 位无符号数 56H 和 87H,要求比较这两个无符号数,并根据比较结果在屏幕上显示 M>N 或 N>M(假设这两个数不相等)。

2. 自内存单元 0600H 开始,保存有 10 个无符号字节类型的数据,分别为 45H、89H、14H、56H、8AH、9FH、78H、0AAH、18H、2EH,编写源程序,求这 10 个数之和。要求:用 8 位二进制数运算方式进行计算;结果用两字节表示;把结果存放到 060AH 和 060BH 单元,且高字节放在 060BH 单元。

任务 4 宏结构程序设计

➤ **任务目标**

1. 牢记定义和调用宏的格式及用法。

2. 正确理解宏结构的设计思想并解决实际问题。

3. 培养做事有规划、有条理、有步骤、讲求效率的程序化思维。

➤ **任务实施**

通过前面的学习,编写具有宏结构的程序以解决实际问题。

【**任务 4.1**】 编写源程序,将从键盘输入的小写字母转换为大写字母,并显示输出。

实验三 4.1

源程序 display.asm 如下。

;宏定义

```
CHANGE MACRO
     MOV AH,01H
     INT 21H
     SUB AL,20H
     MOV DL,AL
     MOV AH,02H
     INT 21H
ENDM
  CODE SEGMENT
ASSUME CS: CODE
START:
     CHANGE                    ;宏调用
     MOV AH,4CH
     INT 21H
CODE ENDS
     END START
```

上机执行过程如下。

第一步：在编辑工具（记事本、DEVC 或 EDIT 等）中输入源程序 display.asm。

第二步：用汇编程序 MASM.EXE 汇编源程序 display.asm，严重错误个数为 0 表示汇编成功，否则需要修改源程序，然后继续执行第二步，直到严重错误个数为 0。

第三步：用链接程序 LINK.EXE 链接文件 display.obj。

第四步：程序中有输出指令，可直接执行可执行文件，输出结果。

```
C:\>display.exe
aA
```

【任务 4.2】 编写源程序，将 26 个小写字母依次显示输出。

源程序 output.asm 如下。

实验三 4.2

;宏定义

```
DISPLAY MACRO
MOV DL,'a'
MOV CX,26
L1:
    MOV AH,02H
    INT 21H
    INC DL
LOOP L1
    ENDM
```

```
CODE SEGMENT
ASSUME CS: CODE
START:
    DISPLAY                     ;宏调用
    MOV AH,4CH
    INT 21H
CODE ENDS
    END START
```

上机执行过程如下。

第一步：在编辑工具（记事本、DEVC 或 EDIT 等）中输入源程序 output.asm。9

第二步：用汇编程序 MASM.EXE 汇编源程序 output.asm，严重错误个数为 0 表示汇编成功，否则需要修改源程序，然后继续执行第二步，直到严重错误个数为 0。

第三步：用链接程序 LINK.EXE 链接文件 output.obj。

第四步：程序中有输出指令，可直接执行可执行文件，输出结果。

```
C:\>output.exe
abcdefghijklmnopqrstuvwxyz
```

➤ **知识拓展**

1. 将 BUF 字节单元中的内容的低 4 位和高 4 位互换。

2. 从键盘输入一个‘A’～‘Z’的字符串，将其转换为小写字母并全部输出。

附录

常用字符与 ASCII 码对照表

码值	字符	码值	字符	码值	字符	码值	字符	码值	字符	码值	字符
0	NUL	23	ETB	46	.	69	E	92	\	115	s
1	SOH	24	CAN	47	/	70	F	93	]	116	t
2	ST	25	EM	48	0	71	G	94	^	117	u
3	ETX	26	SUB	49	1	72	H	95	—	118	v
4	EOT	27	ESC	50	2	73	I	96	`	119	w
5	ENQ	28	FS	51	3	74	J	97	a	120	x
6	ACK	29	GS	52	4	75	K	98	b	121	y
7	BEL	30	RS	53	5	76	L	99	c	122	z
8	BS	31	US	54	6	77	M	100	d	123	{
9	HT	32	Space	55	7	78	N	101	e	124	|
10	LT	33	!	56	8	79	O	102	f	125	}
11	VT	34	"	57	9	80	P	103	g	126	~
12	FF	35	#	58	:	81	Q	104	h	127	DEL
13	CR	36	$	59	;	82	R	105	i		
14	SO	37	%	60	<	83	S	106	j		
15	SI	38	&	61	=	84	T	107	k		
16	DLE	39	'	62	>	85	U	108	l		
17	DC1	40	(	63	?	86	V	109	m		
18	DC2	41	)	64	@	87	W	110	n		
19	DC3	42	*	65	A	88	X	111	o		
20	DC4	43	+	66	B	89	Y	112	p		
21	NAK	44	,	67	C	90	Z	113	q		
22	SYN	45	—	68	D	91	[	114	r		

参 考 文 献

[1] 李建俊,张慧明.汇编语言案例教程[M].北京:清华大学出版社,2021.

[2] 刘辉,王勇,徐建平.汇编语言编程实践及上机指导[M].北京:清华大学出版社,2018.

[3] 宋锦河.汇编语言程序设计[M].2 版.北京:中国水利水电出版社,2006.

[4] 刘淘宝,王勇,徐建平.汇编语言程序设计[M].北京:清华大学出版社,2014.

[5] 聂爱林,林忠会.计算机应用基础[M].北京:航空工业出版社,2013.

[6] 王贺艳.C 语言程序设计综合实例[M].2 版.北京:中国水利水电出版社,2012.

[7] 钱晓捷.汇编语言程序设计学习与解题指南[M].武汉:华中科技大学出版社,2002.

[8] 钱忠民.汇编语言程序设计及上机指导[M].北京:清华大学出版社,2011.

[9] 谭浩强.C 语言程序设计题解与上机指导[M].2 版.北京:清华大学出版社,1999.

[10] 刘永会,张秀芝.微机原理与汇编语言程序设计习题解答与上机指导[M].北京:中国铁道出版
     社,2006.

[11] 徐金梧,杨德斌,徐科.TURBO C 实用大全[M].北京:机械工业出版社,1999.

图书资源支持

感谢您一直以来对清华版图书的支持和爱护。为了配合本书的使用，本书提供配套的资源，有需求的读者请扫描下方的"书圈"微信公众号二维码，在图书专区下载，也可以拨打电话或发送电子邮件咨询。

如果您在使用本书的过程中遇到了什么问题，或者有相关图书出版计划，也请您发邮件告诉我们，以便我们更好地为您服务。

我们的联系方式：

地　　　址：北京市海淀区双清路学研大厦 A 座 714

邮　　　编：100084

电　　　话：010-83470236　　010-83470237

客服邮箱：2301891038@qq.com

QQ：2301891038（请写明您的单位和姓名）

资源下载：关注公众号"书圈"下载配套资源。

资源下载、样书申请

书圈

图书案例

清华计算机学堂

观看课程直播